宋代家纺宜文化设计

浙江理工大学科技与艺术学院
学术著作出版资金资助（2024年度）

董洁 著

化学工业出版社

·北京·

内容简介

"宜"是我国古代造物设计和制作的核心思想。宋代上承汉唐，下启明清，其家纺产品深受古代造物设计"宜"思想的影响。

本书从"宜"文化的内涵及历史渊源入手，通过对宋代政治、经济背景以及"宜"文化思想的分析，探究宋代"宜"文化的特征。在充分借鉴宋代诗、词、小说、绘画、现有文物等历史资料的基础上，从造物法则的角度解析宋代家纺产品，深入探究宋代家纺设计中体现的"宜"文化造物理念，即与人相宜、与时相宜、因地制宜、与礼相宜、与物相宜、文质相宜。以史为鉴，古为今用，"宜"文化的造物法则有助于现代家纺面料、造型以及产品室内环境等的创新设计。

图书在版编目（CIP）数据

宋代家纺宜文化设计 / 董洁著. -- 北京：化学工业出版社，2024.10. -- ISBN 978-7-122-46245-9

I.TS106.3

中国国家版本馆CIP数据核字第20240PS505号

责任编辑：李彦芳
责任校对：杜杏然
装帧设计：史利平

出版发行：化学工业出版社
　　　　　（北京市东城区青年湖南街13号　邮政编码100011）
印　　装：北京天宇星印刷厂
710mm×1000mm　1/16　印张 $6\frac{3}{4}$　字数 105 千字
2025 年 3 月北京第 1 版第 1 次印刷

购书咨询：010-64518888　　　　　售后服务：010-64518899
网　　址：http://www.cip.com.cn

凡购买本书，如有缺损质量问题，本社销售中心负责调换。

定　　价：58.00元　　　　　　　　版权所有　违者必究

前言

本书在充分调查考证宋代诗、词、小说、绘画、现有文物等历史史料的基础上，解读并总结了"宜"文化，这是古代造物设计的根本法则。通过挖掘宋代的政治、经济背景以及"宜"文化思想，剖析宋代家纺设计深层次的"宜"文化内涵，即从与人相宜、与时相宜、因地制宜、与礼相宜、与物相宜、文质相宜的角度对宋代家纺设计中的"宜"文化进行了深入的研究。

宋代家纺种类丰富，主要分为寝具类家纺、屏蔽类家纺、铺陈类家纺、坐具类家纺、仪仗类家纺以及其他家纺小物。这些产品在宋代人们的生活中扮演了不可或缺的角色。"宜"文化的造物观在宋代丰富的家纺文化中有着深刻的体现。在人文方面，诸如与人相宜的枕、椅衣、坐垫、隐囊；与时相宜的被褥、帘、扇子；因地制宜的毯、帐、屏风；与礼相宜的华盖、掌扇、幡旗等。在物质方面，家纺材质、工艺的运用体现了与物相宜；图案、色彩及造型的搭配又体现了家纺产品实用与审美、功能和装饰之间的协调，进一步体现了造物设计中的文质相宜。

追溯宋代家纺设计突出体现"宜"文化之原因，首先，宋代统治者重文崇儒、文治清明的政治策略为繁盛局面打下了良好的基础；其次，统治者重视农业，农业的兴盛保障了手工业的发展，纺织业高度繁荣，纺织品种的多样化以及纺织机械的先进性，都为家纺产品的丰富打下了坚实的基础；再次，宋代商业的繁荣、城市的发展、科技的进步以及经济文化的对外交流等也为宋代家纺"宜"文化奠定了大量的物质基础，提供了更大的发展空间；最后，宋代统治者推崇理学，而"宜"的造物思想影响了社会的审美情趣。关注自然、顺乎自然，追求平淡的文人士大夫高雅格调成为社会的价值取向，整个社会体现了一种人与自然的相宜。"宜"文化思想体现在宋人生活中的方方面面，对家纺文化有着深远的影响。

  现代家纺产品的创新设计，需要走继承和发扬中华传统文化之路。借古思今，现代家纺产品的面料设计中的材质、工艺、图案、色彩以及文化内涵等，要借鉴宋代家纺设计中的与物相宜、与人相宜、与时相宜、与礼相宜的造物原则，从而更好地体现家纺产品的生态化、功能化、人性化，时节性、时代性、时尚性以及吉祥寓意等文化内涵。现代家纺产品的造型设计要充分体现文质相宜，不但要与产品的整体风格相宜，还要与配饰的风格相宜，在满足且不影响使用功能的前提下，适宜的创新性造型变化可以更加丰富家纺文化的语言以及唤起现代人们的审美共鸣。由于人们更加注重居室文化内涵及生活情趣与意境的表达，因此，现代家纺产品要与室内环境和谐统一，需要与室内的装饰环境及空间环境相协调，最终做到因地制宜。

总之，我国的家纺产业在创造丰富的物质文化的同时，也创造了多姿多彩的民族文化，形成了不同时代、不同民族的独特家纺文化，具有历史的传承性。家纺行业及染织艺术设计师作为文化创意产业的重要组成部分，肩负着重要的历史使命。愿更多的国人能传承和发扬中华传统文化，深刻体会先辈的智慧和能力，感受中华传统文化的博大精深，从而唤醒一种文化自觉意识，使之成为一种迫切的需要和责任，更好地推动当今的家纺行业，走中国特色的家纺设计之路。

第三章 宋代家纺设计中的人文『宜』文化 / 029

第一节 与人相宜 030
第二节 与时相宜 040
第三节 因地制宜 047
第四节 与礼相宜 059

第四章 宋代家纺设计中的物质『宜』文化 / 065

第一节 与物相宜 066
第二节 文质相宜 075

第五章 『宜』文化对现代家纺设计的启示 / 083

第一节 现代家纺设计初探 084
第二节 『宜』文化对现代家纺创新设计的启示 085

参考文献 / 097

目录

绪　论 / 001

第一章　『宜』文化内涵 / 007

第一节　『宜』——古代造物设计的根本法则 ———— 008

第二节　儒家之『宜』 ———— 012

第三节　道家之『宜』 ———— 014

第二章　宋代『宜』文化概况 / 017

第一节　宋代社会背景 ———— 018

第二节　宋代『宜』文化思想 ———— 024

第三节　宋代家纺设计中的『宜』文化概述 ———— 026

绪论

古代中国的工匠们创造了极其璀璨的物质文明。考察一种文化的特质，一个重要的标准就是造物设计的理念和方法。任何一次造物实践都包含了人、时间、空间、物质、制度、工具、生产关系等诸多因素的互相作用，只有把握和顾及各个方面的相互关系，才能最终确认造物设计的结果是否合理。

"天道、地道、人道的相互作用，形成了造物之'理'，此理可用一个字来概括，就是'宜'。宜应该是古代造物设计和制作的最核心思想，它既是最重要的范畴，又具有方法论的意义"。宜的方法论包括了很多可操作的原则，主要有与物相宜、与人相宜、与时相宜、因地制宜、与礼相宜、文质相宜等。因此，宜，不仅是我国古代造物设计者最重要的方法论和思维定律，而且是古人提炼出来的有关造物设计的一种理想境界。

我国的家纺文化博大精深，早在部落群居的原始社会时期，我们的祖先就已开始种桑植麻，纺纱织布。随着社会的发展，家用纺织品由御寒用的席、被、毯，到装饰用的帷幄、帷幕、屏风，并逐渐从粗犷走向精美。我国的家纺文化作为人类文明发展过程中的产物，既有历史的延续性，又有鲜明的时代特征，它既是人们构建物质生存环境的必需品，又是人们表达生活情趣、营造某种文化氛围的审美对象。因此，它是中华民族文化的重要组成部分。

宋代是我国古代文化高度繁荣的时期，其纺织品从唐代的浓艳豪放转向淡雅精细，构成宋代家纺自然典雅的特征。宋代是偃武兴文的承平时代，宋朝的统治者改变了汉唐以来向外开拓、宣武崇文的方针，代之以强内虚外、沉潜向内为特点的文治策略。由宋代皇帝直接推动的崇文风尚，自上而下地

绪论

影响了整个社会的审美趣味。文人士大夫顺乎自然、追求平淡的高雅格调成为社会价值取向。宋代主张平淡自然、典雅端庄的美，着力表现个体内在的心灵自由，使美与个人世俗的生活紧密地结合起来，整个社会体现了一种人与自然的相合。因此，受这一时期的政治、经济、文化的影响，理学从而形成，其核心又是以道理阐明天地、万物、人性、身心等，与古人所提倡的造物方法不谋而合，宋代家纺设计也在方方面面体现了"宜"的思想。

当今人们提倡"宜居"生活环境，所谓"宜居"就是适宜的居住空间、居住条件、居住形式等，提倡以人为本，适宜人的需求。家纺，是人们生活不可分割的一部分，是构成家居设计的重要元素之一，其是否"适宜"人们日益提高的物质及精神文化需求，是现代家纺设计关注的问题。本书从宋代家纺设计中探究其蕴含的"宜"文化，从而更好地运用到当今的家纺设计文化中。

我国家纺方化博大精深，我国家纺产业既是传统产业，又是新兴产业。

国内外研究现状

文化是民族的血脉和灵魂，是人民的精神家园，是国家发展的重要支撑。因此，国内外越来越重视文化的传承与发展。

有国外学者认为，宋代不仅在我国封建社会中处于承上启下的阶段，而且在我国历史上处于特殊的地位，对研究我国封建社会的各种转折性问题上有决定性意义。例如，日本的内藤湖南教授把我国的历史分为三个时期，即古代（从上古到汉）、中古（从魏晋到唐末）、近世（宋以后）。法国汉学家埃迪纳·巴拉兹计划主持的国际宋史研究大合作（"宋史计划"），倡导进行国际合作，为外国人研究我国宋史提供方便。这个计划得到了国际上许多学者的响应，从1954年到1978年，该计划的实施取得不少研究成果，如翻译宋代资料、撰写宋代研究著作及论文，出版著名的《宋代研究参考资料》（"宋史研究丛书"）、"纪念巴拉兹宋史研究丛书"《宋代传记辞典》及有关宋代的地图、大记事、辞典、人物年录、书录等，对促进我国宋史研究起到了积极的作用。

在我国文化史上，宋代是特别值得称道的阶段，因此，前人对宋代历史文化有较多的研究。例如，由田自秉、吴淑生、田青编著的《中国纹样史》一书，在宋代纹样中，详细阐述了一年景、天下乐、航海纹、小品纹、花中有花等流行纹样，此类纹样间接地反映了宋代的文化，为了解宋代"宜"文化提供了很好的参考资料。杨渭生编著的《宋代文化新观察》，从历史的角度追本溯源，通过对宋代文化的新观察、新儒学、宗教、科举、教育、文体娱乐、科学技术、对外交流等的详细阐述，挖掘宋代文化和人类文化中的共性与特性，对研究宋代政治、经济、文化中的"宜"文化以及其在家纺中应用有很好的借鉴作用。山东大学的崔海英在《宋代理学语境中的宋代美学》一文中，将宋代美学的发展变迁置于宋代理学的语境中，从宋代理学的整体理论特点出发，运用历史与逻辑相结合的方法，研究理学对美学的影响。

目前国内对"宜"文化的研究较少。邱春林编著的《设计与文化》针对古代不同的设计思想及文化流派，结合当时的政治、经济、文化背景进行归纳分析，反思现今的造物设计理念，从而借古思今。书中指出"宜"应该是古代造物设计和制作的最核心的思想，它既是最重要的范畴，又具有方法论的意义。如造物设计必须讲究选择材料和加工材料，一材有一材之用，一物有一物之性；造物设计的根本目的是为人服务，人的生理极限、生理差异以及性格特点都是造物设计者不可忽视的限制性因素，因此，要使整个造物设计的实践与事理相宜，须与使用者的条件十分匹配。宜，不仅是我国古代造物设计者最重要的方法论，还是古人提炼出来的有关造物设计的一种理想境界。

宋代理学的核心是以道理阐明天地、万物、人性、身心等，与古人所提倡的造物方法"宜"不谋而合。宋代主张顺乎自然，着力表现个体内在的心灵自由，使美与世俗的生活紧密结合起来，整个社会体现了一种人与自然的相合，这也恰恰体现了"宜"所提倡的与物相宜、与人相宜、与时相宜等。

《中国家纺文化典藏》以我国家纺文化为主题，运用大量重要史料及图片，以历史编纂学的逻辑结构，从家纺文化简史、家纺经典工艺以及现代家纺设计的角度对我国家纺文化史进行了全面系统的总结和整理。其第五章为隽秀雅致的宋代家纺，分别讲述了寝具用、屏蔽用、坐具用、铺陈用、出行用等纺织品，对本书研究宋代家纺设计的分类、特点等有指导作用。陈高华、徐吉军主编的《中国风俗通史》（宋代卷）中较为详细地记载了宋代的起居用具，如屏风、被褥、帐、枕席等，在特定的历史背景下，宋代起居用具所体现的风俗及礼仪制度，为宋代家纺的研究提供了很好的历史资料。《宋代丝织花卉纹样及其在现代家纺中的应用》以出土文物和相关文献为参考，从结构、造型、色彩等方面分析了宋代丝织花卉纹样的艺术风格与特征，并结合现代表现手法对经典宋代花卉纹样进行再设计，通过现代织造工艺将设计纹样应用于现代丝绸家纺产品设计中，设计作品既体现宋代的纹样艺术风格，又符合现代家纺的流行时尚，体现出独特的自然典雅之风。

本书将在前人相关研究的基础上，探究宋代家纺设计中的"宜"文化，希望对传统文化的继承及现代家纺设计的创新起到一定的推动作用。

本书研究方法

本书采取以诗词引证和文献资料考证相结合的研究方法，从"宜"文化内涵及历史渊源入手，通过对宋代政治、经济背景以及"宜"文化思想的分析，挖掘和总结宋代的"宜"文化。在充分借鉴宋代诗、词、小说、绘画、现有文物等历史资料的基础上，从造物法则的角度解析宋代家纺产品，深入探究宋代家纺设计中的"宜"文化。借古思今，在对现今家纺设计进行初探的基础上，较为系统地分析了"宜"的造物法则对现代家纺面料设计、造型设计以及产品室内环境运用的创新启示。

综上，宋代是我国古代文化高度繁荣的时期，具有深厚的文化底蕴。我国家纺事业要做大、做精、做强，以独特的文化品位矗立世界家纺舞台上，就必须走以文化底蕴、民族精神带动产品的创新之路，将中华传统文化、民族精神与现代家纺时尚有机结合起来，在文化特征、品位、魅力方面，创造出具有中国文化特色和中华民族灵魂的家纺产品。

第一章 「宜」文化内涵

第一节 "宜"——古代造物设计的根本法则

《辞海》对"宜"的解释为"合适、适当",如宜人、合宜、适宜、相宜等;《康熙字典》对"宜"的解释是"指事物的性质、规律等",如物宜、天宜、地宜、从宜、因时施宜等。此外,"宜"通"仪",指法度,标准。《诗·小雅·由仪序》云:"万物之生各得其宜也"。"宜"也通"谊",指合理的道理、行为,如"将施于宜"。在我国古代文化中,"宜"作为古典哲学与美学的核心范畴之一,构成了完备而别具特色的理论体系。

《辞海》对"文化"的定义为:"文化从广义来说,指人类社会在社会历史实践过程中所创造的物质财富和精神财富的总和。从狭义来说,指社会的意识形态,以及与之相适应的制度和组织机构。"总而言之,文化概念几乎无所不包,既指一个群体,如国家、民族、族群、家庭等,在一定时期内形成的思想、理念、行为、风俗、习惯等整体意识所辐射出来的一切活动;又指一切自然科学、技术科学和社会意识形态。作为一种历史现象,文化的发展具有其多样性。因此,"宜"也是文化范畴中的一种。

吾淳在《古代中国科学范型》一书中指出:"宜物方法是中国古代科技方法中的又一非常重要也非常特殊的方法,它主要被用于医学等活动中。其最基本的特征是对对象也即对目标的形态、条件等作细致的区别,以便根据不同的情况给予不同的处置。"可见,宜物的方法也是一种宜事的方法。

作为指导人们生产和生活实践的基本法则,它不仅体现在医学中,还被广泛地用在农业、政治、战争、艺术、手工制造等日常生活中。宜的方法论包括了许多内容，主要有与物相宜、与人相宜、与时相宜、因地制宜、与礼相宜、文质相宜等，古人在这些方面都有过精辟的论述。

一、与物相宜

与物相宜，造物设计必须讲究对材料的选择、加工及使用。《考工记》开篇即指出"审曲面埶，以饬五材"，郑司农解释为"审曲面埶，审察五材曲直方面形埶之宜以治之，及阴阳之面背是也"，意思是说，不同材料的物性由于受到光照时间和强度的不同而产生干湿、软硬等差异，从而决定了所造之物的功能、安全性及寿命等问题。因此，造物的时候要充分考虑物质材料的性质，重视并合理地利用这些不同的因素，这就是宜物的思想。由此可见，先秦时代造物思想体现了对天然材料的喜爱和人对天然材料利用的主观能动性。

宜物，首先，不能违背自然之性。其次，与物相宜还体现在材料之间相互搭配方面。《考工记》记载的"凡居材，大与小无并，大依小则催，引之则绝"，指的就是材料之间的相互关系，在造物时要使材料各得其所，各适其宜。此外，如何最大限度地发挥物力，"三材不失职"，做到物尽其用，也体现了与物相宜的原则。可见，合理用材是古代工匠所重视的基本造物设计法则之一。

二、与人相宜

与人相宜，任何造物设计的最终目的都是服务于人，物的使用价值就是使人的生存和生活变得更加美好。使用者的差异性往往是造物设计者不可忽视的重要因素。《淮南鸿烈解》云："地宜其事，事宜其械，械宜其用，用宜其人。"这是指各地有不同的行业，各个行业有适合它的机械，各种机械有其不同的用处，而要更好地使用机械就需要有适合用它的人。此外，《考工记》多处提到"人长八尺"，并以此"内在的需求"作为确定器物尺寸和比例的依据，将人体的尺度和造物设计联系起来，探讨人与物、与环境的关系，这些都体现了与人相宜的原则。

三、与时相宜

与时相宜，《考工记》曰："天有时以生，有时以杀；草木有时以生，有时以死；石有时以泐；水有时以凝，有时以泽；此天时也。"天地万物都在不断地变化，造物设计者，要知"天时地气"，应天之时运，承地之气养，顺应自然规律，用自然规律来指导自己的生产实践和资源开发。我国自古以来就是农业大国，季节、时序也是造物设计者关注的因素。作为副业的手工业，其时令观念很大程度上服务于农耕的季节要求。因此，造物设计者要充分了解各个时节的造物需求，把握材质与季节气候间的关系。《考工记》云："天有时，地有气，材有美，工有巧，合此四者，然后可以为良。"与时相宜，也体现在与时代背景相宜。历史是向前发展的，不同时代的政治、经济、文化背景各不相同，造物设计者也要充分把握时代的需求，做到"因时变而制适宜"。

四、因地制宜

因地制宜，被广泛运用于古代造物实践中，建筑、器具、工艺品等都突出了对地理因素的考量。汉代赵晔在《吴越春秋·阖闾内传》中指出："夫筑城郭、立仓库，因地制宜，岂有天气之数以威邻国者乎？"我国幅员辽阔，地理环境的差异导致风俗人情的多样化。《礼记·王制》中记载了司空在察看各地时，特别留意到气候、地理、民族等差异性，并指出这些差异性对造物设计所带来的不同影响力。在人文地理研究中，常把"地"理解为自然、社会和经济条件的统一，古代的造物设计者要充分考虑这种多样化所带来的设计差异性，才能真正做到地尽其利、物尽其用。

五、与礼相宜

与礼相宜，我国自古就是一个礼乐大国，古代社会的"礼"内涵丰富、包罗万象。《礼记·礼器》曰"经礼三百，曲礼三千"，可见，其礼的名目繁多。此外，对"礼"的功能划分又有"五礼""六礼""九礼"。狭义的"礼"是与祭祀相关的行为规范；广义的"礼"是指所有社会规范和制度的总称。正如钱玄在《三礼辞典·自序》中所言："今试以《仪礼》《周礼》及大小戴《礼记》所涉及之内容观之，则天子侯国建制、疆域划分、政法文教、礼乐兵刑、赋役财用、冠婚丧祭、服饰膳食、宫室车马、农商医卜、天文律历、工艺制作，可谓应有尽有，无所不包。""礼"不但体现在风俗、刑法、等级制度等方面，还有作为礼仪的精神层面。如《礼记·礼器》记载："礼也者，合乎天时。设于地财，顺于鬼神，合于人心，理万物者也。"可见，古代造物设计者的思想深受礼的影响。此外，历代礼制都考虑到时代的变化，礼虽然有其传统的一面，但也要顺应时代。如《礼记》云："礼，时为大，顺次之，体次之，宜次之，称次之。"造物设计虽然注重与礼相宜，但只有真正做到与时俱进才能更好地做到与礼相宜。

六、文质相宜

文质相宜，孔子曰："质胜文则野，文胜质则史，文质彬彬，然后君子。"其中"质"指质地，引申为里；"文"通纹，即纹理，引申为表；"史"指表面浮华；"彬彬"指配合适宜。这句话意思是："里胜过了表就显得粗野，表胜过了里就显得浮华，表里协调如一，然后成为君子。"可见，"文质彬彬"就是指"文质相宜"。从造物法则来看，文与质的关系实际就是功能与形式、实用与审美的和谐统一。相反，《韩非子》记载的"买椟还珠"寓言则说明了造物设计的形式大于内容。郑人只重外表而不顾实质，楚人的珍珠盒又装饰过度，掩盖了实际功用，从中可见其主次不分，以文害质。造物设计者应在满足功能需求的同时，追求良好的设计形式，但不应为纯粹的装饰美而设计，应形制适从功用，形式追随功能，从而做到文质相宜，相得益彰。

除此之外，与事理相宜的原则在政治、经济、军事、宗教、民族等各个方面都有不同的体现。造物设计者需要巧妙地处理各种关系，在矛盾中做到统一，找到造物法则中适宜的解决之道。在我国的造物思想史上，各家各派众说纷纭，但作为中华传统文化代表的儒家、道家，都不约而同地体现了对"宜"的认同。

第二节　儒家之"宜"

儒家代表人物荀子在《荀子·天论》中曰："天有其时，地有其财，人有其治，夫是之谓能参。"他认为，天有四时变化，地有丰富资源，人能认识天的运行规律，掌握地的生长时节，这三者互相配合，就叫作能"参"。人和天地，也就是自然，应该做到"相参"。古人把"天""地""人"称为"三才"，所以，荀子这种思想又被称为"三才相参"。《礼记·中庸》也从"天人合一"的角度阐述了这一思想。在"三才"思想指导下的我国古代农业生产，在倡导顺应自然、尊重自然规律的同时，也强调时宜、地宜、物宜，即所谓"三宜"。荀子特别强调人不可替代的作用，在承认并尊重"万物各得其和以生，各得其养以成"的重要前提下，更加强调从事生产实践的人。荀子从如何有效地利用自然来为人类服务，满足需求的同时，进一步实现"以人为本"的儒家思想。除了农业生产外，该思想被后人更广泛地用于经济生活、政治活动和军事作战等各个方面，从而更好地指导人们在生产实践活动中遵循"与时相宜""与物相宜""与人相宜""因地制宜"的造物法则。

"礼"是儒家哲学思想的重要范畴，以儒学为核心的中华传统文化，又被称为"礼乐文化"。我国的"礼"文化，并非始于儒家，但孔子在先人思想的基础上却赋予其全新的内涵。《礼记》与《周礼》《仪礼》并称"三礼"，是一部秦汉以前各种礼仪论著的汇编，是儒家思想的重要经典著作之一。《礼记·曲礼》云"礼不逾节""礼从宜"，意思是礼节仪式要看当时的具体情况，从而采取适宜的做法，指的就是"与礼相宜"。《礼运》云："夫礼必本于天，动而为地，列而之事，变而从时，协于分艺。其居人也曰养。"此话概括了古代造物设计都是从"礼"衍生而出的，造物设计者受到观念上的制约，必须遵从礼俗、礼法和礼教。"与礼相宜"在儒家思想中占有根深蒂固的位置。

此外，儒家造物文化中又具有高度中庸的哲学，主张用与美的统一，而"美善相乐"始于荀子的论述，其中"美与善""礼与乐"，两者相辅相成，彼此相宜。从而引申为"文与质"的关系。"美善相乐"便是实用功能和审美属性的内在统一，与孔子所提倡的"文质彬彬"不谋而合，此乃"文质相宜"。归根到底，儒家思想中的"三才相参""以人为本""三礼"及"美善相乐""文质彬彬"等都体现了"宜"的思想。

第三节 道家之"宜"

"道"是道家思想的核心概念，是老子学说的精髓所在。道家主张"道法自然"，曰："人法地，地法天，天法道，道法自然。"老子认为"道"是内在法则、本来规律、先天地而生。"道"无所不在，无所不包，是万物的本源。"自然"即是一切遵循道而发展变化的客观存在和主观意识，"道"即是"自然"。"道法自然"表明了事物都有自身的属性，其内容极其广泛深奥。自然法则才应当是人类遵行的行为规范。因此，道家主张顺应自然之性，强调"天之道即是人之法"。

《淮南鸿烈》云："是故圣人一度循轨，不变其宜，不易其常；放准循绳，曲因其当。"不变其宜指的就是不轻易改变适宜的法规，尤其是顺应自然法则。古代造物者同样强调天地自然之性，造物要顺其势，按其原本的规律和法则，与物、与人、与时、与地各适其宜。

此外，道家思想中提到"少则得，多则惑"，即少取反能多得，贪多反会迷惑，以少胜多。这里的"少"与"多"表意是"量"的多少，实则是指"文"与"质"的关系。有些天然的事物，本身已具备造化之美。《庄子·外物》认为："荃者所以在鱼，得鱼而忘荃；蹄者所以在兔，得兔而忘蹄；言者所以在意，得意而忘言。"也就是指要最大程度地淡化、减少形式，将它消融于物质本身，以求"简淡"，正如庄子所言："朴素，而天下莫能与之争美。"从造物的角度来看，老子说的"少即是多"并不仅仅是指追求外在形式的极简，乃是在实用与审美、功能与装饰的矛盾关系中，寻求一种最大化的平衡，不盲目追求复杂繁赘的装饰，呈现物质本身的自然之美。人巧不是目的，只有使造物看起来像天然的才是至美，美的最高境界就是还原物质的本质。从审美角度来看，不论是造型、材质还是图案、色彩，保证功能性和实用性的前提下追求其装饰性，从而突出其功能和美感。"简洁"不是"简单"，它是在一定实用功能的基础上做到审美的适宜度。因此，道家所提倡的"少即是多"，就是指除去一切非本质的、盲目追求的外在形式，从而还原物体本质的功能和单纯材质所蕴藏的魅力，进一步做到"与物相宜""文质相宜"。

儒家、道家之"宜"都谈到"天、地、人"之间相宜的关系，并指出"宜"是指导人们造物思想的根源。儒家之"宜"侧重于与"礼"相宜，认为造物设计都可以归于"礼"的范畴。道家之"宜"侧重顺乎自然，"道法自然"是相宜的最基本法则。此外，儒家之"宜"看重"文与质"的和谐统一，道家则认为最大程度上淡化、减少形式，将它消融于物质本身，"朴素，而天下莫能与之争美"。儒道思想的互补深深影响了我国古代审美观及造物观，进而为我国几千年的造物思想打下了深刻的烙印。

第二章

宋代『宜』文化概况

第一节　宋代社会背景

宋代上承汉唐，下启明清，处于一个划时代的历史时期。两宋历经320年，其物质文明和精神文明所达到的高度，不但在我国整个封建社会时期是无与伦比的，而且在世界古代史上也占有领先的地位。正如当代史学大师陈寅恪先生的评论："华夏民族之文化，历数千载之演进，造极于赵宋之世。"

一、政治背景

宋代经历北宋、南宋两个阶段。960年，后周大将赵匡胤黄袍加身，建立宋朝，定都汴梁（今河南开封），史称北宋（960—1127年）。1127年靖康之变，北宋灭亡。宋高宗赵构南迁，建立了南宋（1127—1279年），建都临安（今浙江杭州）。

北宋初期，为了加强中央集权，宋太祖通过"杯酒释兵权"的方式，和平解决了地方割据问题，解除了地方节度使的权力，派文臣到各地任知州，管理地方政事。从此，确立了宋朝长期执行的"重文轻武"的治国方略。通过该方略，宋代形成了相对宽松的政治环境，有利于社会经济的发展，也有利于消除君臣之间的猜忌。与此同时，宋代加强对官员的管理和控制，建立了更完善的科举考试制度，官员铨选制度、考核制度和退休制度，养兵制度，以及对地方官员的检查制度等。宋代厚待官吏，并重用前朝老臣，贯彻"誓不杀士大夫"的传统政策。《宋史》记载"以周丞相范质依前守司徒、兼侍中"，这在我国历史上可谓开先河之举，起到了稳定全国局势的作用。总的来说，宋代政治较为"清明"。正因为有了政治的清明，宋朝才有了经济繁荣、人才辈出、言路畅通的繁盛局面。

虽然宋代治国开明，然而不可否认的是，宋代的社会矛盾在我国历史上也具有一定的特殊性。对内，统治集团内部之间以及与社会各阶级之间的矛盾十分复杂，统治阶级需要通过各种礼制来维护其统治；对外，宋代疆域较小，先后与辽、金、元对峙，统治者经常采取以"钱帛"换和平的手段来避免征战，对丝绸的需求量较大。此外，宋代在加强中央集权的同时，存在矫枉过正的偏向，导致了皇权加强而国势减弱的问题。因此，史学家认为宋代的政治局势在某种层面一直是"积弱"的状态。虽然宋代社会矛盾纷繁复杂，但总体而言，整个社会依然保持稳定和高速发展的趋势。

二、经济背景

宋代经济是我国历史上比较发达的时期。在农业、手工业和商业方面，都取得了令人瞩目的成就。历来统治者都将农业看作是社会稳定和维护统治的根本，宋代统治者对农业更加重视。不但大力兴修水利，提高农田灌溉面积，而且大面积开荒，"垦田"总数已经超过了历史上最高水平。此外，统治者特别注重农具改进和农产品的南北交流。粟、麦、黍、豆等种植从淮北传入江南和两广地区，而从越南传入的占城稻，也在福建普遍种植，并推广到江浙和淮河流域一带。南宋时期，随着水田的不断增加，稻米产量进一步提高，当时太湖流域的苏州、湖州等地，流传着"苏湖熟，天下足"的谚语，可见稻米产量居全国之首。棉花的种植也得到了进一步推广，从广东、福建扩展到长江流域和淮河流域。宋代统治者用丝绸厚待官吏，与各朝相比，对种桑养蚕也十分重视。

农业的发展为手工业的发展创造了前提，宋代的手工业高度繁荣。从纺织业中的丝织业来看，北宋仿汉唐管理体制，少府监下有绫锦院、内染院、文绣院、开封、洛阳、润州（今江苏镇江）、梓州（今四川三台）等地有绫锦局、绣局、锦院，且规模可观。宋室南迁后，南方丝织业相应发展，以平江府、临安府、成都为中心的地区成为我国丝织业基地。同时，民间的手工作坊规模也不断扩大。如《宋史·食货志上三》记载："太宗太平兴国中，停湖州织绫务，女工五十八人悉纵之。"一个纺织作坊竟有"女工五十八人"之多，可见规模不小。宋代还出现了一些独立丝织业作坊——机户。机户中的劳动人手大都是一个家庭中的成员，但民间也有富商经营的大工场及机户独资开办的小作坊，而更多的是散布在城乡各地的家庭小机坊。可见，家庭手工业在宋代的空前繁荣。

宋代统治者不停地减免各种税赋，如"开宝三年，令天下诸州凡丝、绵、绸、绢麻布等物，所在约支二年之用，不得广科市以烦民"；"或蚕事不登，许以大小麦折纳，乃免仓耗及头子钱"。这些政策都促进了丝织业的发展。宋代的纱、罗、绮、绫等丝织品产量大、质量高。苏州的"宋锦"、南京的"云锦"、四川的"蜀锦"、杭州的"绒背锦"等都极负盛名。除此之外，缂丝、刺绣、印染等工艺在原有基础上不断创新，产品更加精湛，这些产品已经渗透到百姓的日常家居生活当中。

宋代的麻织品生产遍及南方各地，品种丰富，其中尤以广西最为发达，所产柳布、象布等远近驰名。此外，宋代的棉花种植得到推广，棉纺织业呈现前所未有的发展。南宋时，云南、两广的斑布、番布、吉布已较为有名。

南方已有一套"檊、弹、纺、织"的棉纺工具。1966年，浙江兰溪南宋墓中出土一条棉毯，长约2.51米，宽约1.16米，重约1600克，平纹组织，双面起绒，细密厚软，说明南宋的棉织技术已经达到较高的工艺水平。随着对织物数量和质量不断增长的需求，这一时期的纺织机械更加注重技术革新与创造，成为宋代纺织业发展的一大标志。改进的脚踏纺车取代了唐代的手摇纺车，成为主要的缫丝工具，并发明了世界上最早的以水利为动力的三十二锭水利大纺车。此外，丝织提花机的性能，更加完善。据考证，南宋楼璹的《耕织图》中所绘的大型提花机有双经轴和十片综，是当时世界上最早、结构最完整的提花机。这些都是这一时期在纺织技术方面值得称道的杰出创造。同时，宋代的制瓷业、矿冶业、造船业、造纸业等都高度发达，登上时代的高峰。

随着农业和手工业的发展，宋代的城市和商业也繁荣起来，东京（今开封）成为当时最繁华的城市，极盛时居民高达百万户，可谓是"以其人烟浩穰，添十数万众不加多，减之不觉少"的繁盛景象。城内大街小巷店铺林立，各行各业无所不有，热闹非凡。城市结构和布局打破了"坊""市"界限，商业活动不再限制在特定区域，出现了"通宵不绝"的夜市。据《东京梦华录》记载："夜市直至三更尽，才五更又复开张，如要闹去处，通宵不绝……大抵诸酒肆瓦市，不以风雨寒暑，白昼通夜。"商品经济的发展，城市生活的繁荣，大大促进了宫廷娱乐和市民文化的兴盛。《东京梦华录》卷七"驾幸临水殿观争标赐宴""驾登宝津楼诸军呈百戏"的记录，当时巨大的场面、热烈的气氛、精彩的演出，真实地反映了皇家娱乐的情景。城中有固定的娱乐场所——瓦肆，设有戏曲、杂技和武术表演等。

张择端的《清明上河图》描绘了当时东京市民生活的繁华景象,汴河上店铺林立、市民熙来攘往(图2-1)。宋代市场上流通大量的金属货币,种类丰富,有铜钱、铁钱和金银等。为了携带方便,北宋前期在四川地区出现了世界上最早的纸币——交子(图2-2)。纸币的产生为商业发展提供了便利的条件。更值得一提的是,宋代科技发达,随着指南针的发明、造船业的进步,促进了海上贸易的发展。宋代的主要海港有泉州、广州和明州(今宁波)。通过海路,东与高句丽、日本,西与非洲诸国来往频繁,在经济文化交流的同时,也在一定程度上也带动了周围市场的繁荣。

璀璨的宋代文化是我国古代文明的黄金时代,其独特的成就影响深远。这也为宋代家纺文化奠定了大量的物质基础,提供了更大的发展空间。

▲ 图2-1　张择端《清明上河图》(局部)

图2-2 北宋时期最早的纸币——交子

第二节 宋代"宜"文化思想

宋代"重文"崇儒，是一个抑武兴文的承平时代，其文化最显著的特征就是理学的兴起。"理学"又称道学、新儒学，主要是指儒、释、道思想在互相融合的基础上孕育发展起来的一种新的学术思想，是继先秦诸子、两汉经学、魏晋玄学、隋唐佛学之后又一新的发展阶段。理学的核心是以道理阐明天地、万物、人性、身心等，它蕴含了封建社会后期新的审美意识、审美风尚和审美理想，以儒家特有的强大教化感染力，影响着宋代文化的各个领域。《宋史·道学一》记载："'道学'之名，古无是也。三代盛时，天子以是道为政教，大臣百官有司以是道为职业，党、庠、术、序师弟子以是道为讲习，四方百姓日用是道而不知。是故盈覆载之间，无一民一物不被是道之泽，以遂其性。于斯时也，道学之名，何自而立哉。"

宋代理学主要代表人物是朱熹、程颢和程颐，认为天就是理，理即是道。程颐指出"万物皆只是一个天理"，大而天地，小而草木，一切事物莫不有其所以然，事物的"所以然"就是事物的"理"。天是万物之祖，是宇宙万物的主宰者和根源。以天为理，理不仅仅是规律、伦理，它具有了宇宙本体的意义。与程朱理学不同的是，陆九渊强调理不在心外，心即是理。王阳明继承和发展了程颢的"仁者以天地万物为一体"的思想，他认为人与天地万物一气流通，是人心使天地万物"发窍"而具有意义，离开了人心，天地万物虽然存在，但没有意义。宋代理学无论是程朱理学之"理"或是陆王心学之"心"，探讨的都是自然现象、社会现象背后的更根本的本性。因此，宋代理学的倡导者们十分重视研究自然知识。

在儒道的思想影响下，人们推崇的"道"不仅是伦理道德、人文之道，而且是天、地、人三才之道，即"天人合一"之道；不仅是"形而上谓之道"，而且是"形而下者谓之器"，意为其既有哲学方法，又有具体的、可以触摸到的实物。所以，它既包括人文知识，也包括自然知识、科技知识、造物法则等。陈亮在《陈亮集》中曰："万物皆备于我，而一人之身，百工之所为具。天下岂有身外之事，而性外之物哉？百骸九窍具而为人，然而不可以赤立也，必有农焉以衣之，则衣非外物也；必有食焉以食之，则食非外物也；衣食足矣，然而不可以露处也，必有室庐以居之，则室庐非外物也；必有门户藩篱以卫之，则门户藩篱非外物也。至是宜可已矣。然而非高明爽垲之地则不可以久也；非弓矢刀刃之防则不可以安也。若是者，皆非外物也。有一不具，则人道为有阙，是举吾身而弃之也。"《宋代文化研究》一书解释为陈亮实际上是把"事"和"物"看作"道"不可或缺的组成部分，他所说的"物"是人们为满足自身需要而由百工所为的，承认了技术对于人的重要性，并把它也看作是"道"的组成部分。他讲述了从"道"到"物"，从"物"到"百工"，这就把技术与"道"联系在一起。可见，其表达了自然知识、客观规律对造物法则的重要性，而理学思想所推崇的"理"（"道"）也恰恰与古人所提倡的"宜"的造物法则不谋而合。

宋代，皇帝推崇"理学"，以更好地维护其统治。因此，"宜"的思想也自上而下地影响了整个社会的审美情趣。关注自然、顺乎自然，在理性的思维模式下，追求平淡的文人士大夫的高雅格调，成为社会的价值取向，士人们在文学、绘画、书法等艺术中表达出从容不迫、平静淡泊的高情雅志。因此，典雅优美的审美时尚成为宋代社会的共同趋向，从宫廷到民间，宋代各类工艺美术装饰中都体现出线条婉转、格调清丽的特点，与唐代浓墨重彩、华丽饱满的风格迥然不同。在宋代文化的大背景下，宋代的审美意识也呈现出自己的时代特色，极为平民化的世俗审美意识充实着人们形而下的体验，而精神生活中的审美意识则体现为寻找生命的价值和心灵的慰藉。人们着力表现个体内在的心灵自由，使美与个人世俗的生活紧密地结合起来，整个社会体现了一种人与自然的相宜，这对宋代家纺文化有着巨大的影响。

第三节　宋代家纺设计中的"宜"文化概述

家纺，又称家用纺织品、日用纺织品，是纺织品类别中一个很重要的门类。狭义的家纺，简单来说一般指宫廷、府宦、平民百姓之家室内用的纺织品；广义的家纺，从场所上则可延及公共设施所用的纺织品等，包括寺观庙堂、茶楼酒肆等宗教和商业服务性场所。我国古代并无"家纺"这个具体的名称，常常是按生活所需，将已有的纺织面料缝缀成形，再以其具体用途冠名。宋代家纺用品按用途主要分为寝具用纺织品、屏蔽用纺织品、坐具用纺织品、铺陈用纺织品、出行用纺织品以及其他家用纺织品等。

家纺文化作为社会物质和精神文化的一部分，其发展具有一定的传承性、时代性、开拓性、阶级性、民族性、地域性等，是社会政治、经济的反映，同时又在某种程度上给予社会政治和经济以巨大的影响力。杨东辉指出:"家纺文化遗产是先人创造的沉积与结晶,镌刻着一个民族国家文化生命的密码,蕴含着民族特有的精神机制、思维方式、想象力和文化意识,是维护文化身份和文化主权的基本依据。"宋代经济高度繁荣,繁荣的商业把物质文明带入了一个划时代的阶段。因此,我们只有在研究分析宋代政治、经济、科技、思想、文艺、风俗、民情等文化背景的基础上,才能更好地挖掘宋代家纺设计中的"宜"文化。

家纺是商品,家纺产品的最终目的是被消费者使用。因此,家纺设计的根本是如何更好地满足人们的需求。从史料分析中可知,宋代"宜"文化思想潜移默化地渗透到宋代家纺设计的方方面面。由此来看,"宜"的方法论中所体现的造物思想便是宋代家纺设计的指导思想。

第三章

宋代家纺设计中的人文「宜」文化

关于人文，《辞海》解释为"人文指人类社会的各种文化现象"。人文涵盖文化、艺术、美学、教育、哲学、国学、历史等许多范畴，并集中体现为重视人、尊重人、关心人、爱护人。简而言之，人文，即重视人的文化。

宋代家纺设计中所体现的人文文化十分丰富，本章将通过古代造物法则设计中的与人相宜、与时相宜、因地制宜、与礼相宜的角度来分别对宋代家纺设计进行研究，挖掘其背后深层次的人文"宜"文化。

第一节　与人相宜

家纺产品设计的目的是服务于人，宋代家纺设计的造物法则不但从功能性、舒适性方面体现了"与人相宜"，而且其产品也与使用者的身份、喜好相适宜，以下仅以枕、椅衣、坐垫、隐囊为例加以说明。

一、枕设计中的与人相宜

枕是睡觉时的垫首用具，和睡眠质量直接相关，属于寝具类家纺。《说文解字·木部》对枕的解释为"枕，卧所荐首也"。荐，为铺垫之意。枕，睡觉时用来支撑头颈，以保护颈部的生理弧度不变形、保证睡眠舒适的用具，与生活息息相关。

枕有两种，一种是软枕，一种是硬枕。软枕是沿用至今的枕头，枕面为纺织品，枕内一般填充谷物、丝绵等。南宋佚名画家的《槐荫消夏图》描绘的是槐树荫下，一位士大夫袒腹仰卧在大榻上"昼寝"，头部所枕的便是软枕（图3-1）。周邦彦《蝶恋花》中描述："唤起两眸清炯炯，泪花落枕红绵冷。"宋代尚无"棉"字，借用的是本义为丝绵的"绵"。棉的种植在宋代已兴起，当时已有以棉为填充物的枕头。棉质枕头更为柔软，其吸湿性及透气性较好，更利于人的睡眠。出于养生，宋人经常使用散发香味的药枕，以药物为填充物的枕头，有通鼻气、去头风、明眼目等功效，十分适宜。陶穀在《清异录》卷下记载："青纱连二枕，满贮酴醾、木犀、瑞香、散蕊，甚益鼻根。"

▼ 图3-1 《槐荫消夏图》中的软枕

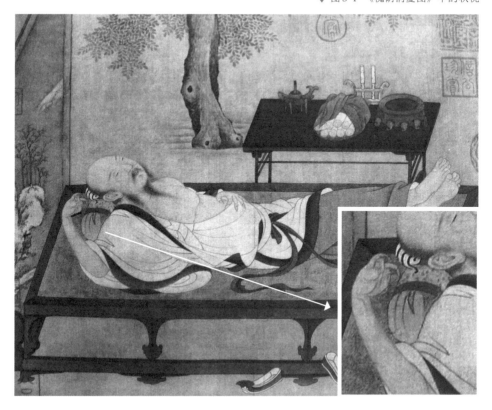

值得一提的是，菊花枕为当时出现的新品种。田锡《菊花枕赋》言其有"当夕寐而神宁，迨晨兴而思健"之功效；陈元舰《时岁广记》也记录了"千金方，常以九月九日取菊花做枕头枕袋，大能去头风，明眼目"的功效。辽国皇后萧观音词"换香枕，一半无云锦"，其中的香味是枕袋的填充香料所致，利于睡眠的同时，香味也可愉悦人的心情。从这些诗文中可见，为了达到保健、养生的功效，宋人对于软枕及填充物使用的讲究，在设计上无不体现"与人相宜"。

宋人使用的硬枕主要有陶瓷枕、木枕、竹枕、水晶枕、角枕、珊枕等。宋代陶瓷业发达，陶瓷枕在民间广为流行。瓷枕因枕面有釉，枕着睡觉会有清凉的感觉，具有爽身怡神之功效，是消暑的理想之物。南宋著名女词人李清照在《醉花阴》中写道："佳节又重阳，玉枕纱厨，半夜凉初透。"词里所说的玉枕即影青瓷瓷枕。北宋诗人张耒在《谢黄师是惠碧瓷枕》诗中写道"巩人作枕坚且青，故人赠我消炎蒸。持之入室凉风生，脑寒发冷泥丸惊"，短短四句就将瓷枕的安寝功效描述出来了。宋代著名的瓷枕"孩儿枕"，制作精美，人物形态活泼，是这一时期瓷枕的代表。

宋代的木枕，一般由梧桐木或杨木等制成长条状，形态有方、圆之分。枕面两头卷边翘起的木枕为琴枕，宋画《王羲之自写真图》（图3-2）的榻上就立有一琴枕。王安石说："夏日昼睡，方枕为佳，问其何理，曰：'睡久气蒸枕热，则转一方冷处。'是则真知睡者耶。"与王安石对方枕的情有独钟不同的是，司马光喜爱圆木颈枕。圆枕一般截面呈半圆形，可以治疗和预防颈椎病。健康的颈椎是圆弧形，颈椎病人的颈椎由于发生了病变，变成直形，仰卧时，将圆木枕放在颈下，在头部和颈部自身重力的作用下，对变形的颈

第三章 宋代家纺设计中的人文"宜"文化

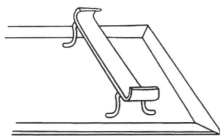

◀

图3-2 《王羲之自写真图》中的琴枕

椎起到恢复矫正的作用，从而达到治疗和预防的目的。圆木枕从功能上体现了与人相宜的设计。

除此之外，宋代还出现了以降暑安神为主要功效的水晶枕。欧阳修在《临江仙》中提道："水精双枕畔，傍有堕钗横。"此"水精枕"即为"水晶枕"。

总而言之，宋代不论是软枕还是硬枕，在保证舒适睡眠的同时，不仅注重养生、保健的功能，而且枕的形式有软硬、方圆之分等，满足了不同人的需求，从而体现了"与人相宜"的设计原则。

二、椅衣设计中的与人相宜

椅衣，又称椅披、椅搭等，是指披挂在椅子上的一种长方形装饰用纺织品，它的全长根据椅子结构而定，弯折处固定时多用系带。椅衣属坐具类家纺。宋代是低型家具向高型家具转变的过渡期，基本普及了高足座椅。由于宋代高足家具为梁柱式框架结构，椅子有直板或圆弧的靠背，但是水平的凳面和垂直的靠背坐上去并不舒适，因此，为了使人垂足而坐时，背部和臀部与织物之间更加贴合、舒适，宋人常在椅子上设置椅披、坐垫等纺织品。宋代椅衣的材质及工艺极其丰富，有缂丝、刺绣、锦缎、漳绒、堆绫、印花、弹墨等。若需其柔软，则内填棉花、芦絮、禾草，或用绸缎作衬，用皮毛作面，在保证舒适性的同时，也可起到御寒的作用，从而达到与人相宜。

椅衣在宋代十分常见，从平民百姓的椅座、到僧人的用椅、再到皇家的御座（图3-3～图3-5），无不铺上椅衣。宋代居室用品具有严格的等级制度，由于使用的人群不同，椅衣的设计也要体现出身份的差异。

第三章 宋代家纺设计中的人文"宜"文化

▲ 图3-3 《仁宗皇后像》中的锦绣椅衣

▲ 图3-4 宋代僧人的椅衣

皇室贵族所用的椅衣的材料和装饰都十分精美。如图3-3所示，传世宋画《仁宗皇后像》中的御座上的椅衣装饰得十分讲究，锦绣椅衣的正面中间装饰满地吉祥纹样，四边环绣同款边缘纹样；反面采用红色衬布，使椅衣更加精致。为了体现整体的配套设计，脚踏上还系着同款风格的踏垫。《梦粱录》中记载了皇帝所用的"蹙百花背座御椅子并脚踏"，可见，配套设计的理念在宋代皇室中早已产生。

▲ 图3-5 宋代平民的椅衣

035

《东京梦华录》卷6《十四日车驾幸五岳观》记载"御椅子皆黄罗珠蹙背座,背座则亲从官执之",可见天子的御用椅衣由黄罗绣着均贴的珍珠,背椅则由亲从官拿着,以防滑落。黄色为当时的帝王用色,罗绣珍珠体现着十分奢华。

百姓人家所用的椅衣则相对素雅,材质多以麻、葛等面料为主,没有配套的讲究,多以满足实用功能为主。从图3-5中可见,不论是纹样,还是色彩,都较为简单,没有过多的装饰。

由此可见,宋代椅衣设计中的与人相宜,也体现了与人身份差异的相宜。

三、坐垫设计中的与人相宜

坐垫是指用布、室内装饰品或草席制成的用来放在坐具上或跪地时用的纺织品,其内部填充软的或有弹性的材料。宋人笔下带有叙事意味的绘画比较写实,用来与史实对照,便每有契合。图3-6、图3-7中坐墩上的坐垫极其精美,工艺复杂。图3-6中的锦墩坐垫饰有坠珠结彩的花

▲ 图3-6 《却坐图》中的宫廷坐垫

▲ 图3-7 《盛手观花图》中的刺绣坐垫

边、流苏等，为宫廷妃嫔所用，十分华丽。宋人在户外也经常用到坐垫，由于使用者身份、环境不同，其材质也各不相同。赵佶的《听琴图》中的三位雅士坐于铺有稻草坐垫的石墩上（图3-8），《松阴论道图》中的论道者也与此相同（图3-9）。人们处于户外，随意坐于石墩之上，草垫不仅柔软舒适，而且可以阻隔石墩的寒气入体。坐垫的设计也体现了与人相宜的造物原则。

▲ 3-8 《听琴图》中的草垫

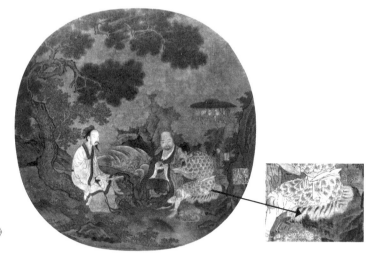

图3-9 《松阴论道图》中的草垫

四、隐囊设计中的与人相宜

隐囊,系一种软性靠垫,也属于坐具类家纺。颜师古曰:"靴、韦囊。在车中,人所冯伏也,今谓之隐囊。"《资治通鉴》记载:"陈后主倚隐囊,置张贵妃于席上。"《注》曰:"隐囊者,为囊实以细软,置诸坐侧,坐倦则侧身曲肱以隐之。"明高濂《遵生八笺·起居安乐笺》记载:"隐囊,榻上置二墩,以布青白斗花为之,高一尺许,内以棉花装实,缝完,旁系二带,以作提手。榻上睡起,以两肘倚墩,小坐似觉安逸,古之制也。"

这种软性的靠垫,汉以前用于车内,后来逐渐发展到室内卧具上或坐具上使用。从今天人们的使用来看,类似家纺产品中的靠背。宋代的隐囊在形态上承袭了晚唐五代的基本特征,由于宋代文人的审美趣味而使色彩趋向淡雅含蓄。在生活习惯上,高足家具的普及更加突出了床的卧榻功能,同时也强调了隐囊作为床上坐卧靠垫的作用。人们坐卧时借助隐囊来倚托身躯而感到非常舒适。隐囊也用于人们在炕、塌之上就座时用来搭扶肘手，起到手臂的支撑作用，从而使身体更加舒适。从这些功能的角度来看，隐囊的设计也恰恰体现了与人相宜。在宋代，隐囊不再局限于士绅和士大夫所独有，在普通市民阶层中的使用也相当普遍。在唐朝画家孙位的《高逸图》（图3-10）和元初刘贯道的《消夏图》中皆可见到隐囊。

▲ 图3-10 孙位《高逸图》中的隐囊

第二节 与时相宜

家纺产品的使用随着季节、时序的变化而变化，其材质、厚薄多有不同。宋代家纺设计的"与时相宜"原则，既体现了季节性，又与其特有的时代背景相适宜。以下分别以被褥、帘、扇子为例加以分析。

一、被褥设计中的与时相宜

被褥，即衾被和床褥，前者使用时盖于身上，后者垫于身下，都属于寝具类家纺。《说文解字·衣部》对衾被的解释为"衾，大被""被，寝衣，长一身有半"。被子是人在睡觉时盖在人体上，以达到保暖的物品。宋人的被子，从使用的时间来说，衾被又有单被和夹被之分。单被一般在夏天使用，较为轻薄透气，仅为一层薄单。夹被在春秋天和冬季使用，被中填丝绵或其他草絮，可以御寒保暖。宋人谚云："七九六十三，夜眠寻被单；八九七十二，被单添夹被。"

宋代的衾被有丝绸被、素被、布被和纸被，纹样多以鸳鸯、凤凰为主。丝绸被在宋代又可分为锦被、罗被、绮被等品种，是富贵人家的专用品，如福州南宋黄昇墓就出土了绫丝绵被、绮夹被、罗夹被。其中的两条丝绵被中，一条为褐黄色花绫面，绢作里，三幅半缝成，残长225厘米，宽170厘米，絮丝绵；另一条为绮面绢里，三幅半缝成，长217厘米，宽181厘米，絮丝绵。夹被罗面绢里，夹层三层为绢，四幅缝成，长217厘米，宽180厘米。

平民百姓用的多是麻布被,麻布被又称为纱被或布被,在宋代最为常见。贫穷之人的麻布被甚至没有里子。冬季纸被也常被宋人用来御寒。朱熹与陆游友谊深厚,朱熹曾在冬季寄纸被给陆游御寒,陆游作《谢朱元晦寄纸被二首》答谢。诗中描述:"木枕藜床席见经,卧看飘雪入窗棂。布衾纸被元相似,只欠高人为作铭。""纸被围身度雪天,白于狐腋软于绵。放翁用处君知否,绝胜蒲团夜坐禅。"诗人认为在寒冷的雪天使用,纸被的柔软及保暖度胜于棉被及蒲团。《西湖老人繁胜录》中"日间散絮胎或纸被"也记载了冬天杭州许多富人救济穷人,所发放的正是絮胎或纸被。朱辅《溪蛮丛笑》记载了湘西等地由于冬季无棉,将茅花絮填入被中御寒,名为"茅花被"。柳永《忆帝京》中的"薄衾小枕凉天气"、周邦彦《夜游宫》中的"不恋单衾再三起"、辛弃疾《恋绣衾》中的"长夜偏冷添被儿"等,这些宋代诗词体现了被褥随着季节的变化而变化的设计理念,以更好地适应自然环境所带来的变化。

宋代被褥设计中的与时相宜还体现在床褥的使用上。褥通缛,是睡觉时垫在身体下以增强保暖性和舒适性的床品。与衾被相似,宋代人们按时节铺设不同材质的床褥。冬季为了保暖,富贵人家较多使用柔软舒适的丝质被褥或毡褥,在一些达官贵人家中还有翠毛裀褥、貂褥等,如司马光家中的貂褥。《名臣言行录》载:"道原家贫,自洛阳南归,时已十月,无寒具,司马温公以衣袜一二事及旧貂褥贶之。"南宋权臣韩侂胄家有翠毛裀褥。一般百姓人家则选择价格低廉、粗糙的麻葛等布类被褥,宋人林洪《山家清事》记载了每年必"采蒲花作褥或卧褥",以满足遮寒耐用等基本需求。

夏季人们较多使用的是薄褥或光滑凉爽的竹席、草席，以适宜炎热的天气。图3-11描绘了在幽静的寺院中，僧侣在宝台上侧身而卧，由于时节因素，僧侣袒胸，身下垫着豆沙绿色的薄褥。宋代词人范成大在《醉落魄》中写道："栖乌飞绝，绛河绿雾星明灭，烧香曳簟眠清樾。"其中"簟"即席子，词中描绘了作者夏夜席上乘凉的闲雅生活。竹、草编织的席子是宋人必备的家纺用品，多应用于床榻之上。可见，席子在宋代的使用随着历史的发展而发生着变化，除了与季节相宜之外，也体现了与当时的时代相宜。总之，宋代的衾被和床褥的种类繁多，随季节的变化而"因时制宜"。

▲ 图3-11　南宋 陆信忠《佛涅架图》中的薄褥

二、帘设计中的与时相宜

帘属于屏蔽类家纺。《释名·释床帐》对帘的解释为:"(巾兼),廉也,自障蔽为廉耻也。……户(巾兼),施之于户外也。"《说文解字·巾部》:"帘,帷也。"帘一般用于居室的门、窗等通畅的空间,或门厅的开阔处。宋代的门帘及窗帘分为卷起式和对拉式(图3-12~图3-14),根据使用需要,卷起(拉开)时,空气、光线及视线得以流通;而垂下时又起到了阻隔视线、遮挡寒气之功用。

▲ 图3-12 牟益《捣衣图》(局部)中的竹卷帘　　▲ 图3-13 马之和《唐风图》中的对拉窗帘

▲ 图3-14 《百子戏春图》中的对拉门帘

宋帘的材质非常丰富，《全宋词》里多有描绘。有珠帘（"真珠帘卷玉楼空"）、水晶帘（"水晶帘动微风起"）、布帘（"寝殿设布缘帏帘"）、竹帘（"虫网吹粘帘竹"）以及帛（"绣帛蒙窗"）等丝质帘。一些材质高档的帘还与帘钩搭配使用，如秦观《临江仙》中的"宝帘闲挂小银钩"、欧阳修《浣溪沙》中的"玉钩垂下帘旌"等，说明帘钩的材质多为银质或玉石。值得一提的是，宋帘的装饰除了画帘（"画帘半卷东风软"）、绣帘（"绣帘开"）外，还有张镃《宴山亭》中描写的"犀帘黛卷，凤枕云孤"中用犀牛角装饰的帘，可见宋人用帘的普遍性和多样性。

就帘使用的季节性来看，不同的时节有一定的区分，除了有厚薄之分，也有软硬之别，充分体现了帘的与时相宜。一般丝绸、棉等单层帘，质地柔软，厚薄适中，较为适合春秋季节使用。晏几道在《御街行》中描写"北楼闲上，疏帘高卷，直见街南树"，疏帘正为晚春所用。夏季，宋人更多使用的是材质较硬的竹帘（图3-12），帘的整体风格较为清雅。相传，宋代的梁平竹帘是用细竹丝编织的，素净文雅，早在北宋年间就被列为皇家贡品，饮誉天下，素有"天下第一帘"之称。夏季，宋人也多在窗上设置轻薄透气的纱帘，如晏几道《生查子》中描绘的"归梦碧纱窗"，类似于今天的纱窗。在炎炎夏日，纱帘起到空气流通、屏蔽蚊虫的功用，而绿色的映衬也使屋内增加了清凉之感。

相比于"疏帘",在寒冷的冬季,宋人多用"重帘",如动物皮毛制作的毡帘,以及内絮棉花等填充物的厚帘,可以抵御寒气、保持室内的温度。除了表达厚重之外,重帘也有多层的意思。张先《天仙子》中"重重帘幕密遮灯",描写了帘子一层又一层,重重密密。贺铸《浣溪沙》云:"更垂帘幕护窗纱,东风寒似夜来些。"在寒冷东风的夜侵下,为遮护薄薄的窗纱,又放下厚厚的帘子。

总而言之,宋人为顺应四时的温热凉寒而使用不同的帘,这正是与时相宜的最直观的表达。

三、扇子设计中的与时相宜

扇子的历史悠久,是夏令时节引风用的必备之物。我国扇文化起源于远古时代,先祖在烈日炎炎的夏季,随手猎取植物叶子或禽羽,进行简单加工,用来挡住阳光,或者煽动时产生凉风,故扇子有障日之称。宋代以执扇为主,品种丰富,主要材料有丝、竹、木、纸、象牙、玳瑁、翡翠、飞禽翎毛、棕榈叶、蒲草等,尽管扇子的质地、式样不尽相同,但扇面往往都绘以图画,扇骨或雕或镂,加以工艺化制作,其造型优美,构造精致。

宋代扇子最典型的式样是团扇和折扇。团扇是普通纳凉手扇,不仅被文人雅士喜爱,而且是闺秀仕女妩媚和柔美的陪衬。吴文英《踏莎行》中的"檀樱倚扇",就是描写女子用罗娟歌扇轻轻掩饰浅红色的唇部。黄庭坚《扇》诗云"团扇如明月,动摇微风兴"。夏季用扇来招风纳凉。宋代的折扇又称"折叠扇""聚头扇"。折扇扇面少数用绢,多数用纸裱糊。赵彦卫《云麓漫钞》云:"今人用折叠扇,以蒸竹为骨,夹以绫罗,贵家或象牙为骨,饰以金银,盖出于高丽。"史料记载"如市井中所制折叠扇……展之广尺三四,合之止两指许",市井制扇,说明北宋折扇已为多数人使用。1977年,江苏常州武进南宋墓出土的戗金漆奁,其奁盖面绘有"园林仕女消夏图",图中描绘了夏季花园假山旁,二主一仆在石径漫步,一人怀抱团扇,另一人轻摇折扇(图3-15)。

▲ 图3-15 南宋戗金漆奁上"园林仕女消夏图"中的扇子

宋代诗人张舜民《扇诗》云:"扇子解招风,本要热时用。秋来挂壁间,却被风吹动。"扇子的使用与季节有较大的关系。宋词中也多有相关记载,如"画帘开,衣纨扇,午风清暑";"渐暖霭、初回轻暑,宝扇重寻明月影";"月生凉,宝扇闲"等,描述了扇子在人们日常生活中夏季清暑,凉时则闲置的使用规律。宋代"执扇女子陶模"中的妇人右手执扇,生动地再现了当时天气炎热、妇女纳凉的场景(图3-16)。

▲ 图3-16 宋"执扇女子陶模"中的团扇

宋代文人雅士爱扇，在执扇上题诗作画十分流行。宋代流传的很多册页绘画小品采用了团扇的形式。这些都体现了扇子的设计不仅与时节相宜，而且与其时代相宜。

第三节　因地制宜

"因地制宜"理念被广泛运用于造物设计实践中，宋代家用纺织品的设计更是在不同场合突显了"因其地制其宜"的造物理念。以宋代家纺中的毯、帐、屏风为例，分别对"因地制宜"的设计理念进行探讨。

一、毯设计中的因地制宜

毯属铺陈类家纺品。《广韵》曰："毯，毛席也。"毯是用动物毛发等原料，经纺纱、染色、编织或织造而成的纺织品，俗称毛毯，其表面有丰厚的毛绒，具有良好的保暖性，因此又称绒毯。《说文解字·毛部》曰："揉毛成片，故谓之毡。"可见，毡毯与毛毯的不同之处在于毛毯是织造而成，而毡毯是利用动物毛发特有的毡缩性压制而成，无须织造。毡面厚实平滑，透湿、透气性都非常优良。毛毯和毛毡是游牧民族遵从因地制宜原则设计制成的产品。毛毯和毛毡能阻隔潮寒地气，能装饰帐篷，也能铺垫骆驼、马背上的鞍具，使人乘坐时减少摩擦带来的不适感。宋代宫廷承袭了前代的毡坊和毯坊，用羊毛、驼毛或兔毛制毡织毯，还有丝毯、棉毯、棕毯、毛皮毯等。

宋代的毯应用十分广泛，且根据环境及使用功能的变化，因地制宜，十分讲究。从装饰性来看，毯作为地上铺陈类家纺，能更好地美化环境，协调室内空间的氛围。宋代丝毯是用蚕丝织成的，光泽柔和，色彩丰富，图案细腻，奢华的装饰效果更为显著，深受宋代贵族的青睐。宋画《乞巧图》描绘了贵族妇女在七夕宫苑设宴的景象。画中"乞巧楼"色调以金、黑为主；放置乐器的大案铺着丝织蒙复，整体装饰华丽；地中央以精美的丝毯作为铺设，华美丝毯的色调、图案及材质与整体环境相适宜（图3-17）。

宋代的毯除了铺设在地面起装饰作用之外，也常作为用于室内外各种场合的坐具。虽然高足座椅在宋代已经十分普及，但"席地而坐"还没有完全退出历史舞台，只是席广泛被毯替代。毯作为坐具使用时，其设计根据人数的多少而相对变化尺寸，一般单人使用尺寸略小，携带相比座椅更加方便。宋词"毡坐谈经春四换"，描写的正是僧人游历四方时常坐于毡毯上谈经讲法，由于毡毯方便随身携带，又能防寒、保暖，故作为坐具使用十分因地制宜。《梦粱录》卷三《皇帝初九日圣节》中详细记载了皇家设宴的细节，不同等级设座有别，其中"东西两朵殿庑百官，系紫沿席，就地坐"，殿庑百官则由于身份等原因坐于宴席旁的地毯上。南宋陈居中的《文姬归汉》图中，单于和文姬同坐在毛毯上待酒饯行（图3-18）。毯作为坐具也多用于科举考试、文人讲学、佛家讲法等场合（图3-19、图3-20）。吴自牧《梦粱录》卷二《诸州府得解士人赴省闱》记载："放试士人，各入院内，依坐位分廊占坐讫……铺席买卖如市，俗语云赶试官生活，应一时之需耳。"

氍毹为一种织有花纹图案的毛毯。《风俗通》曰："织毛褥谓之氍毹。"氍毹原是坐具，产于西域，可用作地毯、壁毯、床毯、帘幕等，也是歌舞戏曲演出时使用的地毯的一种称谓。宋代一些有条件的戏班，在庙台、草台或

图3-17 宋《乞巧图》中的毯

图3-18 南宋陈居中《文姬归汉》图中的毛毯

▲ 图3-19 文人讲学时的毯

▲ 图3-20 南宋张激《白莲社图》中的毯

广场上演出时为了更好地缓解地面的硬度来保护行头,都要铺设这种较厚的毛织物——氍毹;在广场空地上或在宴席前方演出,为了确定表演区域及对演区有一定的装饰、美化作用,宋代也常使用红色氍毹,以达到更醒目的效果。宋代毛滂《调笑令·美人赋》曰"上宫烟娥笑迎客,秀屏六曲红氍毹",指的就是舞台上的红毛毯。明刻杨定见本《忠义水浒传》中有一幅插图,画的是宋代教坊伶人在御前承应演出杂剧、歌舞的场景,其地上铺设的正是氍毹。《宋代十八朝艳史演义》第56回中描写"徽宗与郑后高踞上席,左右两厢,一众嫔妃,按班位分席入坐。中间空出一个大圈子,铺着金光灿烂的黄色氍毹,留作舞蹈的地步"。为了更加适宜为皇家演出的场合,铺设的是少有的黄色氍毹(图3-21)。

作为一种传统习俗,毯也用于宋代婚庆礼仪中。《东京梦华录》卷五《娶妇》记载:"新人下车檐,踏青布条或毡席,不得踏地,一人捧镜倒行,引新人跨鞍蓦草及秤上过,入门。"由于新娘下轿入门时禁忌踏土,从而以踏青色毡毯等与地隔离,以表吉祥。宋代臣仆在室外进谏时,为了表示庄重,也常于毯上行跪拜礼。总之,宋代不同环境突显了毯的各种使用方式,并且随环境的改变而因地制宜。

▲ 图3-21 戏曲演出时的氍毹

二、帐设计中的因地制宜

《释名·释床帐》曰:"帐,张也,张施于床上也。"《急就篇》颜注曰:"自上而下覆谓之帐,帐者,张也。"帐是常用于张挂在床、榻之上的屏蔽类家纺品。它具有保暖、避虫、挡风、防尘等多种用途。由于高足家具的广泛普及,宋代的"坐帐"退出了殿堂衙署。根据不同的使用环境,宋代帐的使用有室内室外之分。

室内用帐一般指卧室内床、榻之上的"寝帐"(图3-22),由于宋人在使用时考虑到避虫、防尘、透气、保暖等功效,故设计时注重"寝帐"的材料,不但有轻薄透气的纱罗帐、销金帐、红绡帐、青绫帐等丝质薄帐,还有厚实华丽的织锦帐、裘帐、复帐等,以满足不同需求。"寝帐"用于室内,除了具有美化空间的作用,也与主人的审美趣味及地位息息相关。宋代盛行

图3-22 宋《桐阴玩月图》中的寝帐

书画，因此"寝帐"上的装饰画也十分丰富，不仅有金泥点饰的金泥帐，还有图案丰富的芙蓉帐、梅花纸帐、合欢鸳帐等丝织花鸟绣帐。花鸟纹样用于帐上，使室内与室外融为一体，十分相宜。宋人喜欢在低矮的床榻上休息，为了更好地搭配家具，帐型较小，帐四角攒尖顶，形如覆斗或方顶，故称斗帐，曰"斗帐高眠"。王观《忆黄梅》曰"矮牙床斗帐"，则介绍了这种低矮床榻上的斗帐的使用场景。宋人在设计床帐的同时，对帐额、帐檐及流苏装饰的设计也十分在意，如"流苏斗帐泥金额""流苏宝帐沈烟馥""鸳帐巧藏翠幔"等，配饰不仅与帐相搭，而且能丰富室内装饰、表达美好的寓意。

除了室内的"寝帐"，宋代的室外也多设帐，其帐限定了上面和周围四面的空间，使人与外界完全隔绝，具有更强的围合性和封闭性，从而因地制宜，使用便捷。

宋代战事较多，帐的使用十分丰富。军队在野外需要安营扎寨，设置帐篷，此帐称为戎帐、营帐。为了更好地适应野外环境、抵御风寒，其材质多为厚实的毡帐。由于特殊的战场环境因素，兵车上多覆以帐幔，作为营地居处，也称车帐。宋代史学家胡三省注《资治通鉴》曰："契丹主乘奚车，卓毡帐覆之，寝处其中，谓之车帐。"可见，睡于车帐中，利用随时出行，战场上使用起来更加便捷。置有兵器的帷帐又称为武帐，多为帝王或大臣使用。宋人张孝祥在《浣溪沙》描述"十万貔貅环武帐，三千珠翠入歌筵"的遐想场景。除了军事用帐，长时间出使、出游的队列也需要驻营设帐，此帐称为行帐。萧统《中兴瑞应图》描绘了皇家安设在松柏之坡的帐殿，图中高宗在行帐中假寐，周边还设有一些较为简单的三角形，类似于今天野营的帐篷（图3-23）。

▲ 图3-23 宋 萧统《中兴瑞应图》中的行帐

宋人为了遮风、避阳、避雨及表达离别之情等，常在郊外路旁因地制宜地为饯别而设临时的帷帐，称为祖帐。祖帐的设置表达了送君的诚意。"祖帐不须遮道，看取眉间一点，喜气入尊罍""祖帐移来，光流万斛金莲""祖帐将收，骊驹欲驾，去也劳相忆"等均描写了宋人路边设帐饯行时依依惜别的场景。

宋代商业繁荣，人们多于街市中心等场所搭建临时帐幕以方便买卖。《东京梦华录》记载："皆于街心彩幕帐设出络货卖。"这里的彩色帐幕与现今夜市中做买卖的户外帐篷类似，一方面，色彩的丰富便于吸引顾客；另一方面，简易店铺便于拆搭，又可遮风挡雨，是因地制宜的好物品。

帐在宋代不论是室内的"寝帐"，还是室外的军事、出行、送别、买卖等用帐，都因地点、环境及使用功能的变化而与之相宜。

三、屏风设计中的因地制宜

《释名·释床帐》对屏风的解释为："屏，可以屏障风也。"屏风的作用为屏障风寒、分割空间和遮挡内室，与帘相同，属于屏蔽类家纺品。宋代，屏风制作工艺已达到十分精湛的阶段。由于宋代文人对诗词绘画的热爱，在屏风上题诗作画较为流行，多以山水、花鸟为主，且色彩清雅。宋代制作屏风的材料非常丰富，除了木屏、竹屏、纸屏、布屏、石屏、玉屏等，还有较为罕见的云母屏。宋词中记载"水晶帘不下，云母屏开，冷浸佳人淡脂粉"，指的就是用云母（矿石名）做成的屏风。古人认为云母为云之根，其析为片，薄着透光，可为屏镜。宋代屏风的工艺结合了画、织、绣、缂等不同的装饰手法。

宋代，屏风形式丰富，有御屏、厅屏、床屏、枕屏、围屏等。这些屏风有的高大，有的小巧精致，其使用范围因地制宜，不同的环境有其不同的用处和意义。屏风最初专用于皇帝宝座后面，称为斧钺。它以木为框，上裱绛帛并画斧钺，是帝王权力的象征。《史记》中记载"天子当屏而立"，故置于天子身后且表示尊贵身份的屏风，又称为御屏。宋代皇帝在不同场合使用御屏，以表达皇权及身份。《东京梦华录》卷七《幸临水殿观争标锡宴》载"大龙船约长三四十丈，阔三四丈……设御座龙水屏风"，描述的正是皇帝在室外观潮时，为显皇威而在龙舟上设有龙水纹样的屏风。《梦粱录》卷一《元旦大朝会》曰"千官耸列朝仪整，已见龙章转御屏"，卷六《孟冬行朝飨礼遇明岁行恭谢礼》云"前筵华，上降辇转御屏"等均记载了不同场合中皇帝身后御屏的使用及象征意义。

屏风在宋人日常生活中也多体现因地制宜的设计理念。宋代厅堂较为开阔，一般都采用高高卷起的门帘作门，故厅堂与内室直接连通，没有遮挡。为了隐秘性，一般人家都会于室、堂之门的不远处设置高大的屏风，使其具有遮挡内室、分割空间作用。刘昌诗《芦浦笔记》卷六《屏著》载："今人称士大夫之家，必曰门墙，曰屏著，是也。然多曰台屏，则乃指屏风而言，何不思之甚也。"这种大屏风位于厅堂入口处，类似于今天入门处玄关的作用，所以在设计时更加注重屏风上的图案设计。宋代文人在屏风上题诗作画较为流行，故多以山水、花鸟为主，且色彩清雅，将室外风光间接地引入室内，也起到了美化协调的作用。如图3-24所示，巨大的画竹屏风屹立于厅堂入门处，宋人于其前下棋，一方面很好地遮掩室内、分割空间；另一方面也起到了很好的装饰作用。

▲ 图3-24　厅堂屏风

宋代屏风也常置于床畔旁。由于宋代室内的密闭性有限，人们入睡时背后易受寒气，故一般落地式大屏风在卧室内使用时，往往并不是设于枕端的床头之上，而更多被安置在床、榻背沿的一侧，为床上的人挡住从背后袭来的风寒。宋代《捣衣图》（图3-12）、《槐荫消夏图》（图3-1）、《王羲之自写真图》（图3-2）等均反映了宋人在床畔旁使用屏风的情境。在宋人入睡时，为了保护头部不受风寒，经常在枕前挡一张小屏风，称为枕屏。刘沆《甘州》："珍重好、卷藏归去，枕屏间、偏称道人床。"它是宋人睡床上常见的设置，屏面一般用绢等丝织品制作，在当时十分具有代表性。南宋的《半闲秋兴图》则展现了宋人"枕屏"的使用（图3-25），屏上绣有山水画卷，在遮挡风寒的同时也将无限的大好风光带入梦境中。放置在床头的小屏风一般不大。"我行三千里，何物与我亲。念此尺素屏，曾不离我身""飞燕又将归信误，小屏风上西江路"均描述了用于安放床头的小屏风，可以装在行李中，长途携带，随时取用。可见枕屏体积不大，携带方便，具有因地制宜的典型特色。

宋人入睡时为了更好的私密性，床上屏风也有折叠式，一般多为围、绕于床的四周，又称围屏。苏轼《答吴子野书》曰："近有李明者，画山水新有名，颇用墨不俗，辄求得一横卷，长可用木床绕屏"。绕屏，即四面合围，绕床一周。宋词中"枕畔屏山围碧浪""团团四壁小屏风，啼尽梦魂中"，也间接强调了床上小屏风四面合围的形式。

总之，宋人使用的御屏、厅屏、床屏、枕屏、围屏等，由于使用者不同的身份、场合、空间环境而具有不同的功用，从而更好地因地制宜、适宜于人。

◀ 图3-25 南宋《半闲秋兴图》中的枕屏

第四节 与礼相宜

我国传统的"礼"文化，博大精深。由于礼制的约束力，古代绝大多数造物设计被其打上深深烙印，凡居室、车马、穿戴、陈设无不体现"礼"的一面，尤其皇家出行仪仗用具，最能体现与礼相宜的造物原则。

一、华盖设计中的与礼相宜

在中华传统文化中，华盖一向与皇族或贵族有关。《汉书·王莽传下》："莽，乃造华盖九重，高八丈一尺，金瑵羽葆。"晋崔豹《古今注·舆服》："华盖，黄帝所作也，与蚩尤战于涿鹿之野，常有五色云气，金枝玉叶，止于帝上，有花葩之象，故因而作华盖也。"华盖，也称宝盖，是古代皇家和贵族出行的仪仗装饰，其形似平顶遮伞，一般张在头顶或车顶之上，能遮阳挡风，但最主要的作用是体现"礼"，是高贵与权威的象征。

对于华盖使用的场景，宋代笔记小说作品中记载颇多。《东京梦华录》记载："皇太子纳妃，卤簿仪仗，宴乐仪卫。妃乘厌翟车，车上设紫色团盖，四柱维幕，四重大带，四马驾之""公主出降，亦设仪仗、行幕、步障、水路……乘马双控双搭，青盖前导，谓之短镫。"这些文字详细描写了皇家庆典仪仗出行的场景，都使用了紫色、青色华盖。《梦粱录》记载了皇帝于正月十七驾车前往供奉祖宗衣冠之所的景灵宫，行春孟朝飨礼的宏大场面。从"上升平头辇，御龙直擎黄罗双盖，后握双黄罗扇"的描述中，皇帝在祭祀时仪仗所用的华盖面料为华丽的黄色丝绸。皇帝在宝津楼看戏时"御马上池,则张黄盖击鞭如仪",描述了皇帝出行时撑黄色华盖,以体现其高贵身份。黄色是帝王的专属用色,华盖设计层次越多,则规格越高,所代表的身份越重要。这是王室贵族对身份、权势和等级制度的追求。南宋李公麟的《迎銮图》描绘了以华盖、大辇和掌扇导驾的皇家仪仗,浩浩荡荡地迎接客死异邦的宋徽宗、郑皇后和宋高宗生母韦后的灵柩南归的场景。图中华盖为三层赤色(图3-26)。

由此可见,华盖的用色及规格都体现了"以礼定制,尊礼用器"的礼器风尚,"与礼相宜"成为当时社会文化的一种追求。

▲ 图3-26 李公麟《迎銮图》中的华盖

二、掌扇设计中的与礼相宜

掌扇,即障扇,也叫仪仗扇,属于古代障尘蔽日的用具(图3-27)。南宋政治家程大昌《演繁露·障扇》卷十五曰:"今人呼乘与所用扇为掌扇,殊无义,盖障扇之讹也。"掌扇,多为长柄掌形大扇,宋代也有长柄团形,与华盖作用相似,用于宫中仪仗导驾或侍从持于主人身后,以表示身份的尊贵和权力的等级。

因掌扇多为皇家贵族使用,因此,其材质多为罗、绡等高贵华丽的丝

▲ 图3-27　宋 赵伯驹《汉宫图》宫廷仪仗队伍中的掌扇

织物，工艺多为精良的织绣、缂丝等。《东京梦华录》中多处描写了掌扇的使用场景，如"执御从物，如金交椅、唾盂、水罐、果垒、掌扇、缨拂之类""宣德楼上皆垂黄缘帘，中一位，乃御座。用黄罗设一彩棚，御龙直执黄盖掌扇，列于帘外。"这些文字均分别记载了元宵佳节前后，御驾出行皇家盛会、宣德楼观戏等场合，御龙直军士执黄色华盖、掌扇与之随行的壮观场面。

公主出嫁时仪仗队伍前前后后簇拥的是"红罗绡金掌扇"，数量居多且镶着金边的红色罗绡掌扇突出了婚庆的喜庆及古人婚嫁风俗的礼仪。宫中清明节祭祀妃嫔时也使用掌扇，"清明节……节日，亦禁中出车马，诣奉先寺道者院祀诸宫人坟，莫非金装绀幰、锦额珠帘、绣扇双遮、纱笼前导。"此时宫中派出的车马，都用金饰装点天青色的车幔，两边由两面掌扇遮挡，突出了肃穆感。

《梦粱录》中记载了"龙凤掌扇"，龙凤乃皇帝、皇后的象征，此掌扇上的图案表达了吉祥和皇权。一般贵族所用掌扇图案多为花鸟山水，宋《盥手观花图》中贵妇正在园中盥手，准备赏花（图3-28），身旁侍女手中所持掌扇上的图案为缠枝菊花纹。

掌扇从色彩、图案及数量上都遵从礼制，以突出使用者的身份、地位、权力、场合等，与当时的社会等级制度相适宜。

▲ 图3-28 《盥手观花图》中的贵族掌扇

三、幡旗设计中的与礼相宜

《释名》曰:"旛,幡也。其貌幡幡然也。"《玉篇》曰:"旌旗总名也。""幡"指长幅下垂的旗,是旌旗的总称。宋代,立春之日,民间男女均有戴春幡、悬挂春蟠的习俗,以迎接春天的到来。春幡,又名幡胜。辛弃疾《汉宫春·立春》云:"春已归来,看美人头上,袅袅春幡。"周密《武林旧事》卷二《立春》、高承《事物纪原·岁时风俗·春幡》、吴自牧梦粱录卷一《立春》、孟元老《东京梦华录》卷六《立春》中均记载了立春之日挂春幡的风俗礼仪,京城中人将春幡相互赠送。宰执、亲王及百官也都会得到皇帝赏赐的由文思院制造的金银春幡。一般的士大夫、平民百姓则剪纸为春幡。

《东京梦华录》记载,每遇大礼之年,预先两个月就要对仪仗队进行演练。此时,幡旗作为皇家出行仪仗队伍使用时,到处旌旗招展,抖擞威仪,气势宏大。"仪仗车辂,谓信幡、龙旗……自有《三礼图》可见,更不缕缕""其旗扇皆画以龙,或虎,或云彩,或山河。又有旗高五丈,谓之'次黄龙'"。从描述中可见,幡旗上不仅绘有龙、虎兽,还有云彩、山河等大自然之物,以与皇帝的权力、地位、力量相宜,具有浓郁的礼教色彩。宋太宗还特地派画师把整个队伍准确无误地画下来,取名《大驾卤簿图卷》[1](图3-29),以便经常操练并把这套规范永久地传承下去。此图所绘整个仪仗队规模浩大,五色旌旗上绘有特定寓意的装饰图案,为皇帝前往南郊拜祭天地时作礼仪之用。此仪仗队可为宋代宫中的最高规格。

---

[1] 卤簿指的是古代皇宫仪仗队。宋代卤簿分为四等。大驾卤簿列为第一等礼制,专用于郊祀大礼。北宋画院绘制的《大驾卤簿图卷》是为便于官吏将士演练礼仪之用,宋太宗命人绘制了三幅《卤簿图》,珍藏于秘阁。宋仁宗时,又重新制定了大驾卤簿礼仪,编写了《图记》十卷。《大驾卤簿图卷》中共绘官兵5481人、车辇61乘、马2873匹、牛36头、象6头、乐器1701件、兵杖1548件,表现了皇帝祭祀天地时庄严宏大的场面。

不论是礼仪制度还是风俗文化，宋代幡旗处处体现了使用中与礼的相宜性。

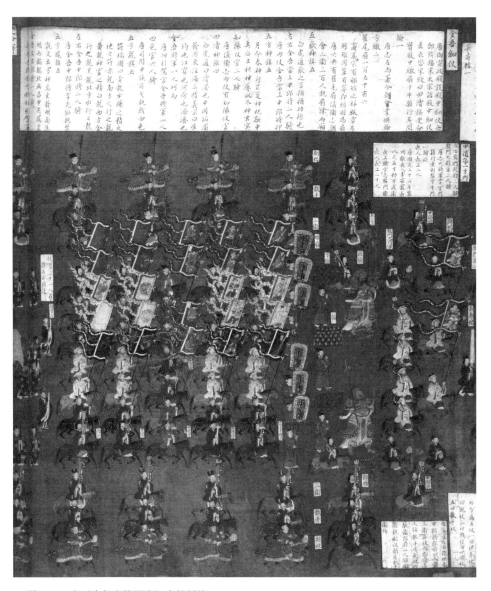

▲ 图3-29 宋《大驾卤簿图卷》中的幡旗

第四章

宋代家纺设计中的物质「宜」文化

由宋代家纺人文"宜"文化的内容可知，宋代家纺品种丰富、样式精美，汇集了宋代纺织品种、设备、工艺以及色彩、图案、造型等诸多信息。本节通过古代造物法则设计中的与物相宜、文质相宜分别对宋代家纺设计进行进一步的研究，挖掘其背后造物法则中所蕴含的物质"宜"文化。

第一节　与物相宜

宋代家纺设计十分讲究对材料的选择和加工，材质的性能、搭配以及工艺，都对产品的最终使用产生影响。因此，要合理地利用并重视这些不同的因素，才能更好地体现"与物相宜"。

一、材质的与物相宜

古人造物讲究选材，不同材料的性能各不相同，宜物之法首先不能违背其自然之性。宋代主张人与自然的相合，强调顺乎自然，其家纺产品较多地采用天然材料，并根据材质的性能加以使用。宋代家纺产品材质繁多，以下分别从动物纤维和植物纤维入手，并通过纤维的可织造与非织造的分类，就宋代家纺材质方面与物相宜加以探讨。

宋代用于织造的动物纤维主要有蚕丝和动物毛发。蚕丝属于长纤维，其物性适宜织造，是古代家纺产品的重要原料。蚕丝主要包括桑蚕丝、柞蚕丝、蓖麻蚕丝、木薯蚕丝等。蚕丝纤细、柔软、富有优雅的光泽，其独特的魅力受到古往今来人们的青睐，被称为纤维皇后。丝绸产品与肌肤相贴时，如丝枕、丝被、丝褥等,能很好地帮助皮肤维持表面脂膜的新陈代谢,故可以使皮肤保持滋润光滑,因此,用蚕丝来制作家纺产品十分适宜。

根据不同家纺品的物性和使用场景,宋代丝绸家纺品种相当丰富,有"归傍碧纱窗"的纱、"香雾暖熏罗帐底"的罗、"绣帛蒙窗"的帛、"红绡帐里橙犹在"的绡、"恰似青绫帐底"的绫、"锦帐寒添"的锦等。宋代丝绸华丽而富贵,极具装饰性,是等级身份的象征,但由于价格昂贵,属于高档的家纺用料,仅限于皇室、贵族及富贵人家使用。

毛纤维属于短纤维,与蚕丝相比较为粗糙,但它具有弹性好、吸湿性强、光泽柔和等特性,尤其在冬季,具有良好的保暖性能。宋人一般使用的有羊毛、兔毛、驼毛等,在家纺产品中更多的是将其编织成毯,产品厚实且富有弹性,与其物性适宜。

除了可织造的丝、毛外,非织造的毡和兽皮等动物皮毛材质在宋代也有较广的使用。毡是以动物毛料经湿、热、挤压等工艺毡缩而成的片状布料,具备吸湿、防潮和保温等功能,可用作各种御寒家纺用品,如毡毯、毡帐、毡帘、毡褥、毡垫等。毡也可以利用不同的动物毛发相互掺杂制成,不同材料之间相互搭配,能更好地发挥材料的性能,从而也从另一个角度体现了与物相宜。动物的皮或皮毛作为家纺用品,具有柔软、保暖、吸湿、耐用等性能,其美丽的色彩、天然的纹理和光泽极具装饰性。对于动物皮毛的应用可追溯到远古时期,人们出于生存的本能使用皮毛御寒。早在周代的《周礼·司几筵》中就有"熊席"的记载,曰:"掌五几、五席之名辨其用与其位。"东汉郑玄注曰:"五席,莞、藻、次、蒲、熊,用位所设之席及其处。"南宋马和之的《月色秋声图》扇面画中也进一步描绘了一高士临流而坐,其身下所坐的恰为一张完整的虎皮毯（图4-1）。

宋代可织造的植物纤维主要有麻、葛、棉。《小尔雅·广服》载："麻、苎、葛曰布。布，通名也。"葛、麻织物被古人统称为"布"。以麻、葛纤维为原料的纺织品，原始社会时已经出现。麻纤维中最主要的是苎麻，为我国特产，有"中国草"之称。

▲ 图4-1 南宋 马和之《月色秋声图》中的虎皮毯

宋代周去非在《岭外代答》中记载了邕州产的苎麻纤维"洁白细薄而长",用这种纤维织成的精细苎麻布称为練子,其特点为"暑衣之,轻凉离汗者也",说明麻纤维具有吸湿、放湿、透气性好的特点,适合夏天使用。细葛、麻布在古代价格昂贵,且较轻薄,经常为贵族等地位较高的家庭使用。普通的葛、麻织物都比较粗糙、硬挺,这是因为纤维本身断裂伸长率、弹性恢复率较低及刚度大等。宋词中"布被秋宵梦觉""太祖性节俭,寝殿设布缘帏帘"等词句描写的正是这种低廉的麻布家纺。葛布的生产在周代很受重视,设有掌葛,专门管理葛布生产。由于葛纤维的产量低,宋代葛布的生产已趋衰落。宋元以后,只剩下广东沿海地区尚有少量生产,如雷州的锦囊葛、增城的女儿葛等,质量很好,博得"细滑而坚"的美誉。麻、葛布类纺织品质地坚韧、抗磨耐用,十分适宜制作包袱皮、包囊、帘等家纺品。

棉花,古称吉贝,棉布古称白叠、吉贝布。棉纤维是由棉籽上的种子毛成熟后经采集压轧加工而成的,属短纤维。棉纤维细而柔软,具有较好的可纺性和吸湿性,十分适宜用做服用和家纺面料。棉花作为家纺填充絮料,柔软、舒适、透气,其物性与人相当适宜。据文献记载,我国少数民族地区很早就开始种植棉花,生产棉布。南宋时,棉花种植得到推广,棉纺织业呈现出前所未有的发展。宋代尚无棉字,借用的是丝绵的绵。史达祖《恋绣衾》"红绵冷,说午时、斗帐夜分",周邦彦《蝶恋花》"泪花落枕红绵冷",均提到棉在宋代家纺中的应用。

竹、草都属于非织造的家纺材料,通常利用其韧性来加工、编织成家纺用品,主要有帘、枕、席等。竹性凉,夏季使用尤为适宜。宋代以草为材料的家纺用品除了编织使用外,也填充于枕、被之中,如《溪蛮丛笑》载:"仡佬冬无绵,揉茅花絮之布中"。宋代文人雅士喜爱在纸上书画,宋人改进造纸技术,利用植物黏液做黏合剂,取代了淀粉糊剂,使造纸术得到了巨大的进步。纸在宋代家纺中应用广泛,是以往历朝历代所没有的。由于纸特有的物性,宋代除了有可以保暖的纸被、纸褥、纸帐外,还有用于书画的纸屏、纸扇等。因此,宋代纸制家纺物尽其用,成为文人墨客挥洒文采的载体。

二、工艺的与物相宜

家纺设计的与物相宜不但要求选材之宜,而且要求材料加工有适宜的工艺,才能制成更好的产品。宋代科技发达,其先进的纺织工艺在当时处于世界领先地位。宋代的家纺工艺流程主要有纺纱、织造、染整、后加工及成品制作等。宋代丝织业兴盛,丝类家纺产品极具代表性,且资料记载较为丰富,而麻、棉等材质产品的工艺流程史料记载相对有限,下文主要分析丝类家纺产品的工艺流程。

由于蚕丝的特性,为了在工艺上体现与物相宜,缫丝是纺纱的前提。丝,出于蚕,缫丝之前要先经过浴蚕、养蚕、吐丝和结茧的过程。种桑、采桑、养蚕就成为丝类家纺产品最初形成的生产链,也是农妇们不可缺少的工作。陆游《岳池农家》中的"一双素手无人识,空村相唤看缫丝"反映了南充、阆中户户栽桑、家家缫丝的繁忙景象。先进的设备和工艺可以更好地对物体进行加工,以实现与物相宜。宋代采用革新改造的脚踏纺车为主要缫丝工具,相对唐代的手摇纺车,大幅度提高了生产效率。宋代发明了三十二锭水力大纺车,以水力取代手摇、脚踏,并加大了纺锭数量,该发明堪称世界上最早的以水力为动力的纺织机械,大大提高了纺纱的速度。宋代著名的《耕织图》画卷以长廊式的连房为经,以蚕织二十四事为纬,描绘了江浙一带的蚕织户自"腊月浴蚕"开始,到"下机入箱"为止的养蚕、织帛整套生产工艺流程。每幅画面下有小楷,注明画面内容❶。与此同时,画中绘有最早的脚踏缫丝车和提花绫机,生动详尽(图4-2)。由此可见,不仅蚕丝的特性与其独特的缫丝工艺相适宜,而且先进的机械又决定了其纺纱的技术和效率,此乃与物相宜也。

▲ 图4-2 宋代《耕织图》局部(养蚕、纺纱等生产工艺流程)

---

❶《耕织图》长卷由二十四个场面组成,分别为腊月浴蚕、清明日暖种、摘叶、体喂、谷雨前第一眠、第二眠、第三眠、暖蚕、大眠、忙采叶、眠起喂大叶、拾巧上山、箔簇装山、炙茧、下茧、约茧、剥茧、秤茧、盐茧瓮藏、生缥、蚕蛾出种、谢神供丝、络垛、纺绩、经鞾、里子、挽花、做纬、织作、下机、入箱。

若要呈现丝绸品种、色彩、图案的华美与丰富，以与其特有的高贵品质相适宜，就需要在缫丝、纺纱之后通过各种织造工艺来体现。经丝与纬丝，以各种不同的组织交织，形成不同的结构与表面肌理，再结合工艺方法的应用，形成了数以百计的丝绸品种。如通过平纹、斜纹与缎纹三原组织，分别产生绢（或绸）、绫与缎，纱罗组织、起绒组织及各种重组织，分别构成纱、罗、绒与织锦等丝织物。宋代纱、罗类织物产量大，质量高。如亳州所产轻纱极为轻巧，陆游《老学庵笔记》记载："亳州轻纱，举之若无，裁以为衣，真若烟雾。"可见其织造工艺的纯熟。

宋代的纱、罗多是以两根或三根经丝为一组相交，再织入一根纬丝而成。1975年，福州南宋黄昇墓和金坛南宋周瑀墓出土的素罗和花罗面料，都是用这种简洁的绞纱方法织造而成。纱、罗面料在宋代家纺的"帘、屏、扇、寝帐"中也普遍涉及。丝织物的生产工艺有生织与熟织之分。大部分素织物与提花织物都采用先织后染的生织工艺，有些高档织物却是先染后织，即直接用不同色彩的丝线织出图案。"织锦"就是这样一种采用数组经丝与一组纬丝交织，或一组经丝与数组纬丝交织的产品。宋代最著名的织锦是宋锦，重锦又是宋锦中最贵重的品种，其质地厚重精致、花色层次丰富、风格华贵，多数供官廷用于巨幅挂轴、各种铺垫及陈设品用料等。值得称道的是，宋代丝织提花机更加趋于完善，如南宋楼璹的《耕织图》中所绘的有双经轴和十片棕的大型提花机，是当时世界上最早、结构最完整的提花机。图中还绘有挽花工与织花工的相互配合，由此可见，宋代完全可以织出具有复杂花纹的高级织物。

然而，与大部分纬丝通梭而织的丝织物不同的是，"缂丝"却采用"通经断纬"织造工艺。宋代庄绰在《鸡肋编》中记载:"定州织刻丝,不用大机,以熟色丝经于木棦上,随所欲作花草禽兽状。以小梭织纬时,先留其处,方以杂色线缀于经纬之上。合以成文,若不相连,承空视之,如雕镂之象,故名刻丝。如妇人一衣,终岁可就。虽作百花,使不相类亦可,盖纬线非通梭所织也"。可见缂丝织物的技艺精湛、作品珍贵。目前流传于世的北宋缂丝作品《紫鸾鹊谱》《紫阳荷花》及南宋朱克柔的《莲塘乳鸭图》、沈子蕃《梅鹊图》《青绿山水图》等,堪称宋代缂丝中的绝品。

宋代织造还有一种著名的工艺,就是织金。在织锦等华美的丝织物上,用几把小梭子在特定部分盘织花纹,就形成妆花。在织锦或妆花上加织金线,就称为织金或妆金。此类丝织物外现金碧辉煌,十分华丽,故"其价如金"。

因此,宋代的宋锦、缂丝、织金这样的华贵织物,虽然涉及日常家居生活,但毕竟只有王公贵族才能享用。宋代丰富的织造技术将蚕丝本身的物质特性更好地呈现出来,从而体现了造物时要充分考虑物质材料的性质,重视并合理地利用这些不同的因素,在材料及工艺的相互搭配下做到"宜物"。

一般家用纺织面料经织造后,还需染色、印花、染整等工艺处理,才能更好地赋予丝绸面料产生各种纹样和色彩,也能更好呈现丝绸家纺面料的华美,以满足不同消费群体的各种需求,体现与物相宜。

从染色、印花工艺来看,宋代丝织品染色多用植物染料,从植物中直接将其本身的色彩提炼出来,呈现出最天然的色彩,做到与物相宜。印花工艺又分为直接印花和防染印花。不同的工艺手法所用的染料类型也各不相同。直接印花多用矿物颜料,有印金、拓印与刷印手法。防染印花则多用植染料，相关工艺为绞缬、夹缬和蜡缬。宋代印染技术达到了新的高度，凸纹版和镂空版等印花型板的制作非常精巧，印浆配制也更为合理，其工艺日臻完美。如南宋时嘉定及安亭镇生产的药斑布颇受时人青睐。方勺《泊宅编》载："嘉泰中有归姓者创为之。以布抹灰药而染青，候干，去灰药，则青白相间，有人物、花鸟、诗词各色，充衾幔之用。"

这一时期的夹缬技术也有新的发展。周去非《岭外代答》记载，南宋时瑶族人生产的"瑶斑布"，是用镂刻着花纹的两片木板夹住布料，将蜡熔化后灌注到镂空的花纹中去，然后染上蓝色，再煮布以祛除其蜡，得其极细的斑花。这种工艺所得图案更为精细。

由于经过织造、印染后的家纺面料的柔软度、色牢度等还十分欠佳，因此还需经过清水洗涤、固色、熨烫等后整理工艺，才能用于家纺产品的制作。

为了丰富丝织面料的装饰效果，体现面料的立体感，在家纺产品的后加工中，宋代多采用刺绣装饰手法。由于不受机械的限制，刺绣纹样装饰比织花、印花更自由。当时的刺绣作品，受绘画影响很大，常以名家书画为粉本，且广泛运用了戗针、套针、网绣、盘金、钉线等各种针法。明代书画家董其昌转引自朱启钤《丝绣笔记》中赞叹："宋人之绣，针线细密，用绒止一二丝，用针如发细者为之。设色精妙，光彩射目，山水分远近之趣，楼阁得深邃之体，人物具瞻眺生动之情，花鸟极绰约嚵唼之态，佳者较画更胜，望之三趣悉备。十指春风，盖至此乎？"可见宋代刺绣工艺水平之高。丝绸家纺面料刺绣工艺除了使用各种丝线为原料之外，"御椅子皆黄罗珠蹙背座"，描绘了皇家御用椅衣采用了更为立体的钉珠绣工艺。在家纺面料的表面缝缀上珠子、宝石等有较强光泽的物品，与丝绸表面原有的质感产生丰富对比，具有强烈的视觉冲击力和极好的装饰作用。

在经过上述一系列工艺之后，丝类家纺面料进入最后的成品制作工序，根据具体的家纺产品需求，选择适宜的制作方法。大多丝类家纺产品用的是缝缀工艺，就是直接用针线缝缀成形，如被、褥、帘等。然而，也有一些特殊的工艺制作，如有些屏风以木为骨，将绢、帛等丝织品夹至其中作为屏面，用石、陶或金属等其他材料做柱基，最后以刺绣、绘画等装饰，方为成品。不同材料之间工艺的相互搭配也体现了与物性相宜的原则。

通过对丝类家纺产品的工艺流程分析，可以发现宋代家纺工艺的丰富和璀璨，与其"与物相宜"的造物法则的合理运用密不可分。

第二节　文质相宜

从造物法则来看，宋代家纺产品中往往并非只有单一的宜设计原则存在。宜物各方法之间都是融会贯通的，共同运用于家纺产品设计制作中。"文质相宜"乃"文质彬彬"，落实到家纺造物法则之中，所谈的正是家纺产品的功能与装饰、实用与审美之间的关系。下文将以画屏、瓷枕、虎皮毯等家纺产品为例，结合其图案、色彩、造型、材质及功能，从"文质相宜"的角度更深入地分析，从而更全面地诠释造物法则。

一、画屏设计中的文质相宜

画屏，顾名思义有画装饰的屏风。屏风具有屏障风寒、分割空间和遮挡内室等功用，在古代人们的生活中使用范围较广。屏风在宋代以前基本以实用性和礼仪性为主，除皇室贵族之外，日常百姓用屏甚少。明清时期的屏风又过于装饰，向工艺品和艺术品发展，如挂屏、座屏等。在宋代，屏风的使用从宫廷走向民间，走进了寻常百姓家。宋代诗词书画盛行，因此，在屏风上题词作画甚为流行。宋代纺织工艺兴盛，织、绣也经常运用于屏风之上。宋代文化的清雅格调及人们世俗化、自然化的审美趋向，使得画屏在宋代呈现出自己的时代特色。画屏的实用性与审美性在宋代呈现出完美的结合。

宋代画屏的纹样多以山水、花鸟等自然风景为主，如诗句"烟敛寒林簇，画屏展""画屏闲展吴山翠""淡烟流水画屏幽"等，均展现了宋代山水画屏的流行。诗句"向睡鸭炉边，翔鸳屏里，羞把香罗暗解"中的鸳鸯屏、"凤屏倦倚人初困"中的凤凰屏、"春在牡丹屏"中的牡丹屏、"题李中斋舟中梅屏"的梅花屏、"兰屏香暖"的兰花屏等，则从花鸟小品的题材入手。宋代画屏中的流行纹样"一年景"，是以春、夏、秋、冬四季景色组成的装饰图案，寓意完美，折叠式画屏中常出现"一年景"纹样。

与唐代的浓墨重彩相比，宋代用色较为恬淡高雅，也较少使用异域色彩。因此，画屏上的用色多以水墨色、绿色等自然色为主。陆淞《瑞鹤仙》描述的"屏间麝煤冷"，指的就是墨迹还未完全干透的水墨画屏风。在造型方面，宋代屏风多以方形为主，立于室内或床上，其尺寸因功能而变化。

宋人在室内不论是使用大幅画屏，还是小幅枕屏，在关注其分割空间、遮挡内室、屏障风寒等功能同时，也通过画屏的纹样、色彩、造型把自然风情引入室内，使人与自然相宜，陶冶人的情操，从而更好地体现了画屏功能与装饰的相宜（图4-3）。

▲ 图4-3 《女孝经图卷》中的画屏

二、瓷枕设计中的文质相宜

瓷枕是我国古代的夏令寝具，始于隋代，流行于宋代。虽然瓷枕的材质不属于纺织品，但作为寝具类家纺产品，属于大家纺的概念。从功能性来看，瓷枕具有清凉沁肤、爽身怡神、明目益睛、调理颈椎的功效。在宋代，无论富贵贫贱，君臣百姓都喜爱瓷枕。河北巨鹿出土了一件瓷枕，枕上题有"久夏天难暮，纱橱正午时。忘机堪画寝，一枕最幽宜"的五言诗，道出了瓷枕的妙用。

宋代瓷枕品种多样，造型丰富，有几何形、人物形、兽形、建筑形、如意形、银锭形等，多姿多彩，具有鲜明的时代特征。

宋代瓷枕纹样题材广泛，涵盖当时社会中的文化、习俗、时尚等各个方面，除山水、人物、花鸟鱼虫、珍禽野兽、日月星辰外，还有很多反映人们日常生活场景的画面，意趣盎然，雅俗共赏。宋词盛行，不仅文人墨客喜欢作词，连民间艺人也经常在瓷枕上书写诗词歌赋，以表达淡泊名利、悠闲自在、与世无争的生活状态。瓷枕上还常见格言警句，北宋河北磁州窑"白地划花写诗如意形台座枕"上写道："在处与人和，人生得己何，长修君子行，由自是非多"（图4-4），睡前看之，颇有感悟。该枕形为如意头，寓意吉祥如意，枕面稍有凹陷，使用时能很好地与头部相宜，使瓷枕能更好地发挥特有的保健功效，可见其实用与审美间的文质相宜。

宋代以定窑的白瓷最具著名，其用泥细腻，釉色晶莹，白净如玉，故定窑白瓷枕又被人称为白瓷之王。李清照词"玉枕纱厨，半夜凉初透"，"玉

▲ 图4-4 白地划花写诗如意形台座枕

枕"即指定窑白瓷枕。宋代民间艺术家还通过不同的釉彩来丰富瓷枕的色彩，除白釉枕外，还有黄釉枕、绿釉枕等。宋人用刻、划、剔、印、堆塑等装饰技法，极大地丰富了瓷枕的表现力和艺术性。

瓷枕优良的功能加之其丰富的造型、纹样、色彩等装饰，很好地体现了文质相宜。

宋代瓷枕文质相宜的代表是孩儿枕。孩儿枕是瓷枕中应用最广、艺术感染力最强的瓷枕之一。宋代以定窑、景德镇窑烧制得最为精美。关于孩儿枕的来历，民间传说北宋时期，有一对夫妻因无子嗣，便制孩儿枕为寝具，后得子。由于孩儿枕多为男孩形状，具有"宜男"的寓意，也象征吉祥幸福。藏于北京故宫博物院的定窑白釉孩儿枕驰名中外（图4-5）。该枕釉色白润如玉，造型为一男孩卧于榻上，两臂环抱，侧身向外45°角，且微微翘起

▲ 图4-5　定窑白釉孩儿枕

头部，右手持一绣球，两腿微曲，交叉上翘。孩儿以弯曲的背部为枕面，与头、脚部之间形成流畅的弧线形，其尺寸、形状刚好与使用者的头颈部完全契合，非常符合人体工程学的原理。该枕生动形象、工艺精湛、细节丰富，可谓集功用、造型、审美、内蕴于一体，乃宋代家纺用品中"文质相宜"的典范。宋代的"卧孩持荷瓷枕"也有异曲同工之妙（图4-6）。

▲ 图4-6 卧孩持荷瓷枕

三、虎皮毯设计中的文质相宜

有些天然的事物，本身已具造化之美，对于这种自美的实物，最好不要再画蛇添足，让其呈现物质本身的自然之美，这也是文质相宜的一种体现。虎皮毯（图4-1）呈现了老虎皮毛本身的纹理、色泽及整张毯的造型，其天然的皮毛材质所体现的柔软、保暖、吸湿、透气、耐用等性能，其自然状态就是大自然赠予产品"文质相宜"的典范。对产品而言，不论是图案、色彩，还是造型、材质，只有在保证功能性和实用性的前提下，才能去追求其装饰性，才能更好地做到"文质相宜"。

综上，不论是从与人相宜、与时相宜、因地制宜、与礼相宜来挖掘宋代家纺设计中的人文"宜"文化，还是从与物相宜、文质相宜来探究其背后蕴含的物质"宜"文化，都充分体现了宋代家纺文化的博大精深，也映射出宋代家纺文化与其礼仪制度、文化艺术、风土民俗、科学技术等众多的联系。此外，"宜物"的方法是融会贯通的，文中列举的各类宋代家纺设计"之宜"，仅从其最显著的一个角度入手，其他"之宜"也可相互适用。由此可见，只有多角度地运用"宜物"的方法，才能更好地指导人们进行生产实践。

第五章 "宜"文化对现代家纺设计的启示

第一节　现代家纺设计初探

随着我国经济的飞速发展，人民生活水平的日益提高以及国际市场需求的多样化，家纺产品也越来越受到人们的重视，家纺产业已成为我国经济发展的一个重要支柱，且极具活力和巨大的发展潜力。我国的家纺行业既是一个传统行业，又是一个新兴行业。在"温饱型经济"时期，家用纺织品不过是一种铺铺盖盖、遮遮掩掩、洗洗刷刷的日用消费品。随着人们生活质量的提高、住房环境的改善和社会经济的全面发展，促使人们对家用纺织品的需求从实用化向装饰、环保、保健、时尚、人性化等方面发展。此外，随着"轻装修、重装饰"的家居设计理念的逐渐形成，家纺产品除了要追求产品与室内环境和谐统一的整体配套设计之外，更加注重产品的文化内涵设计，即传统文化、地域文化、科技文化、时尚文化、创造性文化等多样性文化的发展应用。

严格地说，目前国内的家纺生产与消费还处于早期阶段，不论是企业家还是设计师，大都是近一二十年成长起来的。他们虽然已经积累了不少的实践经验，且对家纺产品的发展趋势及流行趋势有一定的认知，接受新事物快，然而，其设计理念和图案以引进居多，自主创新、具有民族特色的设计较少。有的家纺产品在面料选择上，因对利益的追求忽略了应以人性化、舒适性及环保性为前提；在造型设计上过于追求装饰性，在采取华而不实地堆积和追赶时尚的同时，忽视了家纺产品实用与审美、功能与装饰之间的协调关系；在室内环境的运用方面，忽略了配套化地营造家居环境以及注重居室文化内涵等。这些与古人所提倡的"宜"造物法则相违背，很难从根本上做到因地制宜、以人为本。

因此，要提高家用纺织品设计的生态性、功能性、艺术性及文化内涵等，应从培养和发展国内的优秀设计师入手。我国具有几千年的传统文化，如何弘扬民族文化，将民族文化和时尚有机地结合起来，设计出具有我国鲜明特色的家纺产品，家纺设计师任重而道远。

第二节 "宜"文化对现代家纺创新设计的启示

创新设计在家用纺织品业的经济发展中，不但需要开拓新的设计思想，寻求新的材料、技术手段、表达途径，更需深入探索和研究现代人与家用纺织品、设计与生产、产品与运用等之间的关系。"知识经济的特点告诉我们：21世纪真正的效率已并非最大数量的产品生产，而是创造、创新对消费者最为有益和必需的产品及服务。"因此，创新设计对现代家用纺织品的发展具有重要的意义。通过了解我国现代家纺设计的现状，在宋代家纺设计"宜"文化研究的基础上，以古代"宜"的造物法则为指导思想，借古思今，古为今用，就现代家纺面料设计、造型设计、产品的室内环境运用"之宜"三点分别进行探讨，从而挖掘"宜"文化对现代家纺创新设计的启示。

一、家纺面料设计之宜

家用纺织品面料设计主要包括材质、工艺、图案、色彩等诸多方面的设计。随着科技的进步，人们生活水平的提高，消费者对家纺面料的材质工艺、功能舒适、图案色彩、美观时尚、文化内涵等都提出了更高的要求。自然、舒适、良好功能、环保等成为21世纪家纺面料设计的主流。面对这些需求，让我们追溯历史，在宋代家纺设计"宜"的造物法则中借鉴有益的思路。

第一，在"与物相宜"的造物法则指导下，宋代家纺设计中所选用的材质主要是天然材质，不论是动物纤维的丝、毛，还是植物纤维的棉、麻、葛等，都取自自然。选用的染料也都以天然的植物染料和矿物染料为主，并在其色彩文化中一直扮演着极为重要的角色。此外，材料之间的相互搭配以及采用的相适宜的工艺，使其各得其所，各适其用。宋人对天然材料的尊重以及对天然材料的加工、利用，都十分值得今人去学习。

如今，人们赖以生存的自然环境和生态系统因过度开发而不断地恶化。人们提倡环保，提倡"绿色设计"，进而，我们需要进一步探讨家用纺织品开发、设计中环保与生态特性的问题。家用纺织品的生产，从原料到最终的产品，都需要经过许多化学加工过程，其生态问题归根结底归咎于生产的全过程，即纤维、生产工艺、染色、整理以及成品加工等，都需要生态化生产。然而有些企业在利益的驱动下忽略这个问题，这对人体的健康十分不利，尤其是婴幼儿家纺产品，危害更加严重。为了提倡环保设计，对消费者有积极的导向作用，在材料上可选用天然彩棉、竹、大豆蛋白、聚乳酸、甲壳素以及其他可降解的合成绿色纤维。如天然彩棉纤维制成的纺织品，色泽自然、古朴典雅、柔软且富有弹性，不需要染色，且不会褪色，不仅节省了染料，而且在生产过程中对环境没有污染。大豆蛋白纤维属于再生纤维，纤维易降解，无污染，有羊绒的手感、丝绸的光泽及棉的吸湿和导湿性，材质十分环保。甲壳素纤维不仅有优良的吸湿透气性，还有抗菌防臭的功能。这些纤维都特别适合用于与皮肤直接接触的家纺产品及婴幼儿用品等。

选用生态环保型染料是生态纺织品的根本保证，如靛蓝、红花、苏木、黄柏等植物染料，虫（紫）胶、胭脂红虫等动物染料以及各种无机金属盐和金属氧化物等矿物染料，都具有极好的安全性和环保性。生态浆料、助剂、整理工艺等都是生态型家纺面料制作流程中所需要采用的。因此，企业不仅需要引进先进的生产加工设备，还需要更新设计理念、方法和手段，密切关注国际生态家纺产业的发展动向，开拓家纺产品新的领域。

第二，宋代家纺设计中更多考虑"与人相宜"的人性化、功能化、舒适化产品。宋枕有通鼻气、去头风、明眼目的药枕、菊枕，有爽身怡神的瓷枕、水晶枕等，这对今天功能性家纺面料及填充物的设计具有一定的启发。时代在发展，面料的功能性已成为商品竞争的焦点之一。根据需要，家纺面料设计除了具有基本的柔软、弹性、吸湿、透气、保暖等舒适化功能以外，还需要具备抗菌、防臭、防远红外线、负离子等健康化功能。有些家纺面料还需有防水、防油、防污、防潮、防霉、防虫、防蛀，抗紫外线、抗静电，阻燃、防燃等多种安全化功能，如桌布、台布、沙发面料等需要具有拒水、抗油污的功效，窗帘布、部分床上用品需要做防燃、阻燃等处理，地毯等则更需要防虫、防蛀等。

就面料来说，功能性也不是单一存在的，其更需要多方面的体现。因此，就其发展趋势来看，面料的功能性也将由低级向高级、由单一功能向多功能、由普通功能向特殊功能不断发展，其手段将日新月异，这就要求科研人员积极研究和开发应用各种新材料、新技术，从而增加面料开发的高附加值。

再从"与人相宜"来看，宋代家纺设计中，不同身份的人所用的家纺品大有不同，王宫贵族用品的材质、工艺、图案、色彩都华丽而高贵，而一般平民百姓所用则较为素雅简朴。此外，由于个人喜好不同，选择也不同，如王安石喜欢方枕，而司马光则喜欢圆枕。现今来看，不同的人群，其性别、年龄、职业、个性、身份、喜好等各有不同，因此，其审美取向也大有差异。可见，明确消费者的需求，进行合理的市场定位十分关键。如从面料的材料、工艺、图案、色彩等各个方面入手，进而把握面料的风格特征，才能更好地迎合消费者，实现与人相宜。

第三，从"与时相宜"来看，宋代以质地轻薄、通风透气的纱罗面料作夏帘，以质地柔软、厚薄适中的丝、棉等单层面料作春秋帘，以质地厚实、保暖的毡和内絮填充物及多层的面料作冬帘等。与时相宜不但体现时节性，而且体现时代性。今天，面料设计如何更好地体现其时令性、时代性以及时尚性，这是摆在现代家纺设计人员面前的关键问题。

从时令性来看，面料除了厚、薄的选择之外，面料的调温整理也十分重要。如以高级脂肪族碳化氢为主要成分的微胶囊整理剂，可以使面料通过连续地吸热和放热，控制其温度在 25～31 摄氏度，从而实现调温控制，从而更好地保暖防寒。

色彩的冷暖变化给人的心理感受也随季节的变化而变化。一般红、黄、橙色等暖色调适合冬季使用，给人温暖、阳光的环境氛围；蓝、绿等冷色调则更适合夏季使用，使人倍感清凉、舒爽。

从时代性来看，现代家纺面料设计，尤其图案设计，面对传统素材和现代诸多的艺术流派及艺术风格，设计人员拥有更多的选择。在借鉴西方审美观的同时，积极投入对"传统美、民族美"的研究和思考，既要有传统文化特色，又要符合现代人的审美观，"国潮"家纺也越来越受到人们的青睐。因此，将传统元素直接照搬照抄并不是弘扬传统文化，一味地追求西化也不是现代表达，将传统与现代元素生硬地搭配在一起，更不是人们所提倡的传统与现代结合。这种流于形式的做法没有真正地寻找出不同时代的文化内涵和时代需求。如何更好地将传统经典的纹样真正融入设计中，并用现代手法进行演绎，才是体现图案在面料设计中具有时代性的关键。时尚性与时代性密切相关，它是众多元素的综合体现，图案、色彩、材质、工艺等，共同用现代人所需求的理念进行最直接的表达，赋予面料之上，使其具有创意性，就是人们所追求的时尚性。

第四，宋代的家纺设计追求"与礼相宜"，除了皇室使用的仪仗出行用具之外，其他家纺的造物设计中都相应地打上了"礼"的印记。虽然礼有维护其传统的一面，但也要顺应时代，刘安《淮南鸿烈》曰："圣人法于时变，礼与俗化，衣服器械各便其用，法度制令各因其宜。"如今的家纺设计，虽没有等级观念，但与礼相宜的使用在其图案及色彩的表达中须突出吉祥寓意。

如何借古思今，在面料的图案、色彩中表达传统文化内涵，是今天设计人员需要思考的。面对现在的家纺市场，产品的细分更为明显，一般商家都会推出不同的系列产品，如婚庆系列家纺产品就占有一定的市场份额。我国人对婚庆礼节十分看重，对家纺产品的选择也十分讲究，尤其是床上用品。婚庆家纺品的色彩以紫红、大红、玫红、桃红、粉红、金色、紫色等突出吉祥、喜庆寓意的色彩为主，象征红红火火、吉祥如意。图案方面，动物图案多以龙、凤、鸳鸯、蝴蝶、喜鹊等为主，寓意龙凤吉祥、比翼双飞、喜事登门；植物花卉则喜用牡丹、百合、石榴、桃子等，寓意富贵吉祥、百年好合、多子多孙。除了婚庆系列，吉祥寓意对于现今人们选择家纺产品也有很强的暗示作用，也间接地表达了人们对美好幸福生活的向往。

通过以上对家纺面料设计之"宜"的启示的分析，设计一款国潮"新中式风格"作品。图5-1系列家纺面料设计为生态环保型材质，图案为梅花、窗格等极具中华传统文化特色的吉祥元素，采用较为现代的表现手法和色彩搭配，将传统与现代的交织进行了完美的演绎；通过印花及色织的工艺向人们呈现了一系列具有"新中式风格"的家纺面料，可谓现代家纺面料设计之"宜"的范例。

▲ 图5-1 新中式风格家纺面料设计

二、家纺造型设计之宜

造型是指用一定的物质材料,按照审美要求塑造出可视物体的平面或立体形象。家纺产品设计不仅需要平面的面料设计,而且还需要经过立体的造型设计。家用纺织品特有的披、覆、盖、挂等的形式及其造型的装饰性,能够赋予人们独特的心理感受,在充满形式美感的同时,又能给人提供多层次变化的文化享受。家纺造型设计不是独立存在的,它与面料的材质、工艺、图案、色彩以及使用功能等共同形成家纺产品,是功能与形式、实用与审美的统一。宋代家纺设计中帘与帘钩的呼应设计;孩儿枕完美的造型以及画屏图案、色彩的清雅等,都很好地体现了功能与形式的相宜。因此,如何在形式追随功能的前提下,更好地做到"文质相宜",才是家纺造型设计的关键因素。

首先,家纺造型设计要与产品的整体风格相宜。这里产品的整体风格更多是指面料的材质、图案、色彩等所赋予的文化观念及色彩情调的风格指向,并通过图案、色彩的不同主、配版搭配产生的配套设计。如西欧古典风格、新古典风格、现代风格、乡村自然风格、海洋风格、新中式风格、日式风格以及其他民族地域风格等,并加上相适应的色彩共同对家纺的造型设计产生影响。如海洋风格的床上用品,其装饰枕的造型设计可以选用海星、贝壳、救生圈等与其风格相对应的海洋元素,在满足且不影响使用功能的前提下,适宜的创新性造型变化可以丰富家纺文化的语言,能唤起现代人们的审美共鸣,这正是家纺造型设计中文质相宜的恰当体现。

其次,家纺造型设计也要与配饰的风格相宜。配饰的风格主要依附于家纺产品的整体风格。如窗帘造型设计中，西欧古典风格窗帘的窗幔的造型设计层次丰富，再配以古典的花边、流苏、吊穗等具有代表性的配饰，可将其风格的华丽、高贵表达得淋漓尽致。现代简约风格的窗帘造型线条明快，可以不设计帘头，仅配以简单的圈环、穿管等配饰，就可以体现其简洁大方的风格。可见，配饰的选择对家纺造型的设计也十分关键，能起到画龙点睛的作用。家纺造型设计是通过适当的手法把面料设计产生的不同元素及其他相关配饰等进行合宜的组合，以达到设计师想要表达的主题。家纺造型设计不需要为了装饰而装饰，如果过度地堆积形式感来表达内涵，这样反而"以文害质"。

如图5-2、图5-3为图5-1新中式风格家纺造型设计的应用。从造型设计之宜来看，抱枕的设计手法有的采用了传统的中国结形式，配饰为极具中国传统特色的盘扣、流苏、绑带等，再赋以喜鹊、窗格、牡丹等剪纸图案和中国红色彩，使其更加明确地表达了传统文化内涵（图5-2）。窗帘设计采用拼布工艺，大块色彩采用基础米灰色系，十分简约，以红色和几何元素的边条加以点缀，使窗帘更有层次感，与其他产品也起到了很好的色彩呼应效果（图5-3）。整个系列造型的设计与新中式风格完全吻合，很好地体现了文质相宜。该产品在传统元素的应用方面加入了现代简洁的表现手法，这正是当今传统文化现代演绎的典型示范。

三、家纺产品室内环境运用之宜

室内环境主要包括室内的装饰环境和空间环境，家纺产品室内的运用需要根据不同环境"因地制宜"。从宋代家纺产品环境运用之宜来看，既有因

第五章 "宜"文化对现代家纺设计的启示

▲
图 5-2 新中式风格家纺造型设计

▼
图 5-3 新中式风格家纺产品的室内环境运用

空间区域变化而使用的厅屏、床屏、枕屏等，也有因使用功能的不同而采用的军帐、行帐、祖帐等。不论是从环境、地点、空间上的区分，还是从使用功能上的区别，均体现了因地制宜的原则。

现代家纺产品的室内环境运用，不仅可以打破建筑空间过于冰冷的状态，增强室内装饰材质软硬、虚实的对比，也可以进一步拉近人与室内环境的距离。现代人们对生活品质的要求越来越高，对室内环境的理解越来越深刻，开始注重居室文化内涵及生活情趣与意境的表达。因此，现代家纺产品的室内环境运用之宜就显得尤为重要。

家纺产品要与室内的装饰环境和谐统一，做到因地制宜。这里的室内装饰环境主要包括硬装和软装环境。硬装环境一般指室内的硬装部分，如室内的结构布局、天花板、地板、功能区域等不能自由变动的部分，所用材料通常以石质、金属、木质、有机等硬质材料为主。室内的软装环境则有两层含义。狭义的解释，就"软"字而言，其材质区别于硬质材料，也就是一般的家用纺织品；广义的含义则是以家用纺织品为主，外加家具、装饰品、灯具、灯光等在室内环境下共同营造的家居氛围。室内不论是硬装环境还是家具、装饰品等软装环境，都有不同的装饰风格，在选择和使用家纺产品时，应注意其风格和表现手法是否与室内环境的整体风格相适宜。如在一个以罗马柱、欧式壁炉、水晶吊灯、雕花家具的室内环境中，就需要采用色彩稳重的卷草、大马士革、百合花徽章等提花图案，造型华丽富贵的欧式家纺产品加以装饰。反之，若配以蓝印花布等民族风格强烈的家纺产品，就会使人觉得不伦不类。

要做到与室内环境的因地制宜，家纺产品还需要与室内的空间环境相协调。由于不同功能产生了不同的空间环境，对不同空间功能的把握和了解是家纺产品合理运用的前提。如在一些比较庄重的公共空间，其纺织品的运用要较为稳重、大气；在居室等空间，则可以采用较为温馨、恬淡的风格。设计师还需要考虑空间环境的尺度大小，像宾馆大厅、图书馆等相对高大、空旷的空间，其纺织品可以选用花型较大或者简约的产品，并配以绿色植物来营造较为亲切的环境。一般小户型的家居空间，可以选用颜色明快、花型较小的纺织品，则显得空间增大。再者，像卧室、客厅、餐厅、书房、卫生间、厨房等空间，由于区域及功能的不同，其家纺用品的选用也要因地制宜。

图5-4，图5-5是新中式家纺产品的室内环境运用。首先，在现代简约的室内硬装环境下，将具有新中式家纺产品及具有当代风格的软装产品（家具、灯具、摆件、装饰画等）进行搭配，整个空间既有中式的传统文化韵味，又体现了简约大气的空间留白，与当下提倡的"宋韵文化"十分契合，特别是卧室背景结合屏风的造型，其文化内涵、生活情趣与意境的表达都演绎得十分和谐。其次，该系列家纺产品运用于卧室之中，在营造了温馨、喜庆的卧室氛围的同时，也与其空间的尺度恰好合宜。此外，该款家纺系列产品在满足基本功能的前提下，不但美化了环境，也成为了居室文化的传达者、艺术装饰的营造者，真正在室内环境的运用中做到了因地制宜。

综上，宋代家纺文化的丰富灿烂并不是偶然和独立的，它处处继承和发扬了古代"宜"文化，并以其造物法则来指导宋代的家纺设计，使其"造极于赵宋之世"。现今的家纺设计要不断继承中华传统文化，以古为鉴，将民族文化和时尚有机地结合起来，设计出具有我国鲜明特色的家纺产品。

▲ 图5-4 "新中式风格"家纺产品的室内环境运用（一）

▲ 图5-5 "新中式风格"家纺产品的室内环境运用（二）

参考文献

[1] 邱春林. 设计与文化[M]. 重庆：重庆大学出版社，2009.

[2] 吾淳. 古代中国科学范型[M]. 北京：中华书局，2002.

[3] 徐光启. 考工记解[M]. 上海：上海古籍出版社，1983.

[4] 淮南鸿烈解·卷11[M]. 上海：上海古籍出版社，1989.

[5] 杨渭生. 宋代文化新观察[M]. 保定：河北大学出版社，2008.

[6] 徐飚. 两宋物质文化引论[M]. 南京：江苏美术出版社，2007.

[7] 脱脱阿鲁图. 宋史[M]. 北京：中华书局，1977.

[8] 孟元老. 东京梦华录[M]. 北京：中华书局，1982.

[9] 吴自牧. 梦粱录[M]. 上海：商务印书馆，1922.

[10] 周密. 武林旧事[M]. 杭州：西湖书社，1980.

[11] 唐圭璋. 全宋词[M]. 上海：中华书局，1999.

[12] 中国家用纺织品行业协会. 中国家纺文化典藏[M]. 北京：中国纺织出版社，2009.

[13] 福建省博物馆. 福州南宋黄昇墓[M]. 北京：文物出版社，1982.

[14] 四川大学古籍整理研究所，四川大学宋代文化研究中心. 宋代文化研究（第十五辑）[M]. 成都：四川大学出版社，2008.

[15] 崔海英. 宋代理学语境中的宋代美学[D]. 济南：山东大学. 2005.

[16] 张海鸥. 两宋雅韵[M]. 北京：北京师范大学出版社，2009.

[17] 张岱，任叔宝. 中国历代笔记英华[M]. 北京：京华出版社，1998.

[18] 扬之水. 终朝采兰：古名物寻微[M]. 北京：生活·读书·新知三联书店，1998.

[19] 黄能馥，陈娟娟. 中国丝绸科技艺术七千年[M]. 北京：中国纺织出版社，2008.

[20] 李淑林. 从唐诗中探究中国家纺文化[D]. 杭州：浙江理工大学. 2008.

[21] 孔珊珊. 明清家纺设计中的"和"文化研究[D]. 杭州：浙江理工大学. 2010.

[22] 陈高华，徐吉军. 中国风俗通史·宋代卷[M]. 上海：上海文艺出版社，2001.

[23] 常沙娜. 中国织绣服饰全集·织染卷、刺绣卷[M]. 天津：天津人民美术出版社，2004.

[24] 杭间. 设计史研究[M]. 上海：上海书画出版社，2007.

[25] 苏淼,鲁佳亮,蔡欣,等.宋代丝织花卉纹样及其在现代家纺中的应用[J].丝绸,2013,（50）.

[26] 吴钩.风雅宋[M].桂林：广西师范大学出版社,2023.

[27] 彭林.中国古代礼仪文明[M].北京：中华书局,2004.

[28] 仲泽,方延军.天人合一[M].成都：四川文艺出版社,2008.

[29] 陈寅恪.金明馆丛稿二编[M].上海：上海古籍出版社,2000.

[30] 金良年.论语注释[M].上海：上海古籍出版社,2012.

[31] 周礼注疏·卷39[M].台北：台湾商务印书馆,1983.

[32] 赵彦卫.云麓漫钞[M].北京：中华书局,2007.

[33] 刘昌诗.芦浦笔记[M].北京：中华书局,1986.

[34] 周密.武林旧事[M].杭州：浙江古籍出版社,2011.

[35] 刘斧.青琐高议[M].上海：上海古籍出版社,1983.

[36] 高承.事物纪原·岁时风俗·春幡[M].北京：中华书局,1985.

[37] 王磊.以和为美[M].成都：四川文艺出版社,2008.

[38] 李少林.宋元文化大观[M].呼和浩特：内蒙古人民出版社,2006.

[39] 郑苏淮.宋代美学思想史[M].南昌：江西人民出版社,2007.

[40] 缪良云.中国丝绸文化[M].北京：中国纺织出版社,1998.

[41] 崔际银.文化构建与宋代文士及文学[M].天津：天津古籍出版社,2011.

[42] 辞海编撰委员.辞海[M].上海：上海辞书出版,2001.

[43] 张俊龙.创新传统艺术发展现代经济——杨东辉谈家纺文化[J].北京：纺织服装周刊杂志社,2009.

[44] 袁宜萍,赵丰.中国丝绸艺术史[M].济南：山东美术出版社,2009.

[45] 夏征农.辞海[M].上海：上海辞书出版社,1999.

[46] 孟晖.花间十六声[M].北京：生活·读书·新知三联书店,2006.

[47] 金涛.中国传统文化新编[M].杭州：浙江人民出版社,2005.

[48] 张晶.中国古代多元一体的设计文化[M].上海：上海文化出版社,2007.

[49] 薛娟.中国近现代设计艺术史论[M].北京：中国水利水电出版社,2009.

[50] 王荔.中国设计思想发展简史[M].长沙：湖南科学技术出版社,2003.

[51] 贾京生.创新：家纺设计的生命力[J].中国纺织报,2004,（7）.

[52] 陈晓华.工艺与设计之间——20世纪中国艺术设计的现代性历程[M].重庆：重庆

大学出版社，2007.

[53] 蔡如君. 宋代家居及装饰研究[D]. 南京：南京理工大学出版社，2007.

[54] 尚刚. 元代工艺美术史[M]. 北京：人民教育出版社，2004.

[55] 张晓霞. 雅俗共赏的宋代植物装饰纹样[J]. 苏州大学学报，2009，（5）.

[56] 宋应星. 天工开物[M]. 上海：上海科学技术文献出版社，2006.

[57] 宁云龙. 古代织绣[M]. 沈阳：辽宁画报出版社，2001.

[58] 朱剑. 从无我之"境"到有我之"境"——试论宋代之际山水画意境内涵的拓展[J]. 南京艺术学院学报，2010，（1）.

[59] 陈静，燕泥. 图说中国文化·艺术卷[M]. 长春：吉林人民出版社，2007.

[60] 上海市文化广播管理局. 乌泥泾手工棉纺织技术[M]. 上海：上海文化出版社，2010.

[61] 郑巨欣. 中国传统纺织品印花研究[M]. 杭州：中国美术学院出版社，2008.

[62] 陈述，徐吉军. 扇动风发[M]. 杭州：中国美术学院出版社，2009.

[63] 荆妙蕾. 纺织品色彩设计[M]. 北京：中国纺织出版社，2004.

[64] 庞冬花，刘雪燕. 家用纺织品设计与工艺[M]. 北京：中国纺织出版社，2009.

[65] 唐与冰，杨橡. 家用纺织品配套设计[M]. 北京：北京大学出版社，2011.

[66] 阎迪. 家用纺织品的功能性研究现状及建议[J]. 棉纺织技术，2018，（2）.

[67] 张亚慧，周赳. 国潮风在当代家用纺织品中的设计应用研究[J]. 设计，2024，（4）.